草菇袋栽新技术

张维瑞　编著

金盾出版社

内 容 提 要

本书依据笔者多年的科研、示范、推广的经验，详细介绍了草菇最新的栽培技术——草菇袋栽新技术。内容包括：草菇的概况，草菇的生物学特性，袋栽草菇菌种的生产，草菇的袋栽高产技术如栽培季节与品种、栽培场地与建造、栽培原料与配方、菌袋制作与培养、菌袋的脱袋与排场、出菇管理，袋栽草菇的主要病虫害与防治，袋栽草菇的采收与加工等6章。本书文字通俗易懂，技术实用，可操作性强，图文并茂。适合于广大菇农阅读，亦可供食用菌科研人员参考。

图书在版编目(CIP)数据

草菇袋栽新技术/张维瑞编著．—北京：金盾出版社，2007.10
ISBN 978-7-5082-4695-6

Ⅰ.草… Ⅱ.张… Ⅲ.草菇－蔬菜园艺 Ⅳ.S646.1

中国版本图书馆CIP数据核字(2007)第150195号

金盾出版社出版、总发行
北京太平路5号(地铁万寿路站往南)
邮政编码:100036 电话:68214039 83219215
传真:68276683 网址:www.jdcbs.cn
封面印刷:北京精美彩印有限公司
正文印刷:北京四环科技印刷厂
装订:东杨庄装订厂
各地新华书店经销

开本:787×1092 1/32 印张:5.25 字数:110千字
2008年7月第1版第2次印刷
印数:11001—22000册 定价:9.00元

目　录

第一章 概 况

草菇[*Volvariella volvacea* (Bull. ex. Fr.) Sing.],又名兰花菇、美味包脚菇、秆菇、麻菇、贡菇、南华菇、广东菇、中国菇等,常用的英文名:Straw mushroom, Cantonese mushroom, Chinese mushroom. 即:稻草蘑菇、广东蘑菇、中国蘑菇等。草菇是生长在热带、亚热带高温多雨地区的一种食用菌,是一种喜湿、喜温,自然生长于稻草上的一种草腐真菌。在分类上隶属于真菌门、担子菌纲、伞菌目、光柄菇科、小苞脚菇属。

第一节 草菇的发展史

我国是最早人工栽培草菇的国家,距今已有300多年的历史。据史料记载,广东省韶关市南华寺的僧人,从腐烂稻草堆上生长草菇的这一自然现象中得到启示,发明了人工栽培草菇的方法,故草菇又称"南华菇"。草菇的另一发源地为湖南浏阳,因该地盛产苎麻,每年割麻以后草菇就大量生长于遗弃在野外的麻秆和麻皮上,故草菇又称"麻菇"。

我国草菇人工栽培通过广大科技工作者和菇农的不断努力,得到了较快的发展。栽培的区域我国已从南方逐步北移,栽培地区有:广东、福建、湖南、广西、江西、四川、上海、江苏、浙江、安徽、北京、河南、河北、山东、云南、台湾等地,几乎全国各省都有栽培,不仅在农村、城镇有生产,而且在农业发达、文化水平较高的城市已有栽培。国外的栽培区已发展到马来西亚、印度尼西亚、越南、澳大利亚、缅甸、菲律宾、新加坡、泰国、日本、韩国、尼日利亚、捷克和斯洛伐克，近年来，欧美国家也开始栽培。栽培的原料从纯稻草栽培发展到利用棉籽壳、废棉、豆秸、麦秸、中药渣、甘蔗渣等农产品下脚料及农产品加工下脚料的栽培。栽培时间从过去季节性生产发展到全年生产。产量从过去的以稻草栽培的生物学效率10%提高至目前的40%。栽培的场地从过去的室外发展到现在的室内室外、房前屋后、塑料大棚、专业的泡沫菇房、砖混菇房等。栽培的模式上有千家万户小规模栽培，也有机械化程度较高的工厂化生产。栽培的方法从过去的野外堆栽发展到采用二次发酵的室内床栽，到本书所述的袋栽。

第二节　草菇的经济地位

草菇味道鲜美，无论是干品还是鲜品都深受人们的喜爱，曾经是向朝廷进贡的贡品，是著名的佳肴。鲜品品质细嫩、脆滑爽口、炒菜煲汤皆宜，干品香气浓郁、被视为美味佳肴、宴席珍品，罐头菇色香皆存、耐贮易烹、食用方便。

一、营养价值

草菇营养非常丰富，是一种低脂肪、高蛋白、富含多种维生素、多糖、无机盐的食品。

(一)蛋白质

草菇所含的蛋白质，按干重计算为25.9%～29.63%，与双孢蘑菇(23.9%～34.8%)，美味牛肝菌(29.7%)，金针菇(17.6%)，香菇(13.4%～17.5%)，凤尾姑(26.6%)相近；比牛奶(25%)略高，明显高于大米(7.3%)、小麦(13.2%)。按鲜重计，蛋白质含量为2.66%～5.05%，与日常食用的蔬菜相比，它是芦笋、土豆的2倍，番茄和胡萝卜的4倍，柑橘的6倍。因此，草菇的蛋白质含量十分丰富，是国际公认的优质蛋白质来源，并有“素中之荤”的美称。

（二）氨基酸

氨基酸是蛋白质的基本组成单位，根据人体自身是否可合成，将氨基酸分为必需氨基酸和非必需氨基酸。必需氨基酸是指人体生长发育所需要的氨基酸，而这些氨基酸人体又不能自身合成的，必须通过食物供给，而且这些必需的氨基酸，在蛋白质合成过程中，必须同时存在，并且要有一定的比例，否则将会影响其他氨基酸的利用和吸收。这些必需的氨基酸共有8种，它们是：赖氨酸、色氨酸、苏氨酸、缬氨酸、亮氨酸、苯丙氨酸、异亮氨酸和蛋氨酸。非必需氨基酸是指人体自身可以合成或转化的氨基酸。草菇中含有包括人体必需氨基酸在内的17种氨基酸，且含量较高（表1-1）。

表1-1　8种必需氨基酸的含量　（每100克粗蛋白）

名　称	亮氨酸	异亮氨酸	缬氨酸	色氨酸	赖氨酸	苏氨酸	蛋氨酸	苯丙氨酸
含量(%)	4.5～5.5	3.4～4.2	5.4～6.5	1.5～1.8	7.1～9.8	3.5～4.7	1.1～1.6	2.6～4.1

必需氨基酸总量为29.1%～38.2%，低于鸡蛋（47.1%），而与其他几种商业性规模的菇类，如双孢蘑菇、香菇和平菇相差不大。

（三）脂　肪

草菇所含的脂肪总量为2.24%～3.6%，其中有85.4%是非饱和脂肪酸，略高于香菇、双孢蘑菇和平菇。在人类日常饮食中非饱和脂肪酸是必需的营养物质，可以抑制人体对胆固醇的吸收，促进胆固醇分解为胆酸，降低血中胆固醇的浓度，有利于防治心血管疾病。而饱和脂肪酸却能促进人体对胆固醇的吸收，使血中的胆固醇含量增高，二者易结合并沉积于血管壁，是血管硬化的主要原因。动物脂肪中含有大量的饱和脂肪酸，过多摄入对人体不利，而草菇无须为此担忧。因此，草菇和其他许多食用菌一样，被称为健康食品。

(四)多糖类

许多食用菌都含有较多量的多糖。近年来人们对食用菌中的多糖的认识越来越多，发现许多食用菌多糖对人体有着重要的生物免疫调节活性，能够抑制癌细胞的生长与扩散。目前已经发现草菇多糖类化合物同样也具有抗肿瘤活性，它能刺激抗体的形成从而调节和提高机体的免疫能力，是一种较理想的非特异性免疫促进剂。

(五)无机盐

无机盐是指草菇子实体组织经燃烧后残留在灰分中的化学物质，包括钾、磷、硫、钠、钙、镁等常量元素和铜、铁、锰、钼等微量元素。无机盐可以使骨骼结构具有一定的强度和硬度，可以激活酶系统，控制体液平衡和调节酸碱平衡，对肌肉和神经的应激性也起到特殊的作用。草菇是较好的无机盐来源，其无机盐含量高达13.8%(占干物质重量)，在目前已商业性栽培的菇类中，它的含量最高。其中硅(SiO_2)占总含量的43.822%，钾(K_2O)34.03%，磷(P_2O_5,)10.4%，钠(Na_2O)2.15%，硫(SO_3)1.659%，铁(F_2O_3)0.645%，钙(CaO)0.324%，铝(Al_2O_3)0.515%。此外，还含有具有抗衰老、增强免疫功能、预防肿瘤和心血管疾病的微量元素——硒(Se)。据测定，草菇子实体中硒的含量为0.0689±0.0055微克/克。

(六)维生素

维生素是维持生物正常生命活动所必需的一类重要物

质，其主要功能是作为辅酶参与生物体的新陈代谢。草菇和其他许多食用菌一样，含有丰富的维生素，每100克干子实体中含维生素 B_1（硫胺素）0.35 毫克、维生素 B_2（核黄素）1.63～2.98毫克、烟酸 64.88 毫克；每100克鲜重含维生素 C 158.44～206.27 毫克，此外还含有生物素、维生素 D 等。特别是维生素 B_1 和烟酸分别比其他栽培食用菌高 3～17 倍和 5～42 倍，维生素 C 比橙子高出 3.8～5.6 倍，比番茄高出 6.3～26倍，而与辣椒（最高为 198 毫克）相近。

（七）核　酸

核酸主要是指核糖核酸和脱氧核糖核酸，是核苷酸组成的链状生物大分子，是细胞中的遗传物质，发挥着重要的生物学作用。人体必需从食物中获取足够的核苷酸，用以合成自身的核酸物质。但当人体摄入过量的核酸以后，可导致组织和关节的尿酸盐沉积，也可引发肾脏和膀胱生成结石。因此，联合国蛋白顾问组曾建议成人每日核酸的摄入量不能高于 4 克。一般微生物体中的核酸含量是比较高的，可以达到其干重的 8%～25%，而草菇的核酸含量占干品的 3.88%，与鱼和肉类差不多，低于酵母和细菌。因此，草菇作为日常蔬菜食用，每人每天食用 200 克是安全的，对健康是有益的。

综上所述，草菇是一种富含蛋白质和必需氨基酸的食品，对增强人类体质，提高免疫力，以至防癌、抗癌都有良好的作用。也是近几十年来，草菇的产销能不断发展的重要原因之一。

二、药用与保健价值

草菇除了味道鲜美以外，也具有一定的药用与保健价值。传统医学认为草菇性寒味甘，具有补脾益气、消暑清热的功效，可降低胆固醇、降血压、抗癌症，增强肌体抗病能力，加速伤口愈合。中国民间流传着许多的草菇食疗的单方和验方，如草菇30克煮食，可降低血压；草菇90克，经常炒食，可治牙龈出血，淤点性皮疹；夏日食用草菇有消暑祛热，增进健康的作用。最新研究表明，食用草菇可以明显降低肝脏中的胆固醇和脂肪的含量，有预防脂肪肝的药用价值。

研究发现草菇中的多糖类化合物也具有抗肿瘤活性，用冷碱液提取的分支β-D葡聚糖，分子量1.5×10^6，抑癌率达97%；用热碱液提取的分支β-D葡聚糖，抑癌率为48.5%。草菇多糖通过增强网状内皮系统具有吞噬细胞的功能，促进淋巴细胞的转化，激活T细胞与B细胞，从而促进抗体的形成。所以，虽然它对肿瘤细胞并无直接杀伤能力，但可以通过刺激人体抗体的形成而提高机体的免疫功能，是一种较理想的非特异性免疫促进剂。

除草菇多糖外，草菇所含有的含氮浸出物和嘌呤碱对癌细胞的生长也有一定抑制作用，可以用于辅助治疗消化道肿瘤，同时能加强肝、肾的活力。研究表明，草菇中含有一种称为草菇毒素A的凝集素，是一种心脏毒素蛋白质，它能够降低对O型红细胞的溶血活性。该凝集素由分子量为50 000和24 000的两个亚基组成，但只有小亚基与溶血活性有关。另一种分子量为26 000的凝集素也已从草菇中分离出来，这种凝集素有中度调节O型红细胞凝血反应的作用。老年人经常食用草菇可以预防恶性肿瘤的发生，同时可以降低体内胆固醇的含量，对预防高血压、冠心病也有积极作用。

三、效益分析

(一)生态效益

由于世界性的人口急剧膨胀,人类发展进入 20 世纪后相继出现粮食危机和能源危机。目前,世界人口总数为 61 亿,并且正以年增速 1.3%、每年以净增 7 700 万人的速度在增加,到 2050 年可能会增至 109 亿,粮食和能源的供应更显紧张。在许多地区,尤其是经济不发达的国家,需要提供越来越多的蛋白质以满足人们的生存和发展的需要。但是由于土地等资源的限制,食用蛋白质的来源受到一定的制约。如何解决这一关系到人类自身发展的重大问题,在世界范围内引起了广泛的关注。

自 1973 年能源危机发生后,人们开始重视人类发展的可持续性。根据联合国粮农组织发表的报告,用 C_{14} 测定的全世界每年通过光合作用合成的有机物就有 2 000 亿吨,但是其中只有 10%的有机质被转化为人类或动物可以食用的淀粉或蛋白质,其余都以粗纤维的形式存在。仅农作物秸秆全世界每年产量就有 23.53 亿吨,这是一笔取之不尽、用之不竭的资源,却任其在大自然界中自生自灭,是对资源的严重浪费。大规模的利用各种廉价的基质和废物来生产食用菌,已被确认为是通过生物的作用将粗纤维转化为人类可以食用的优质蛋白的一条重要途径。有专家预言,食用菌将成为 21 世纪的主要粮食产品之一。

草菇可以将稻草、秸秆等廉价的基质转化为优质蛋白质,大大地提高了稻草、秸秆等废物的利用率。特别是我国主要粮食作物的水稻和小麦,其稻草和麦秸是上好的草菇培养料,全国的稻草产量达 2 亿多吨,麦秸达 1 亿多吨。然而这些除少数利用外，多数被付之一炬，这不仅浪费了资源，还造成了环境污染，成为污染环境的一大公害。而利用稻草、麦秸生产草菇，既为稻草、麦秸综合利用找到了出路，解决环境污染问题，又大大提高了粮农的经济效益。而且栽培草菇以后的废料内含大量的菌丝体和丰富的菌体蛋白，又是优质的有机肥料，可以广泛用于果树和大田的施肥。这样的一种农业生产模式是非常符合生态学原理和可持续发展战略的一种生产模式，是一种良性的生态循环，具有显著的生态效益。

(二)经济效益

目前人工栽培的食用菌中，草菇的总产量仅次于蘑菇、香菇、平菇而占第四位。东南亚各国是草菇的重要产地，而我国则是最主要的草菇生产国，产量占世界总产量的 3/4 以上。同时草菇也是我国传统的出口产品，远销许多国家和地区，如美国、加拿大、新加坡、马来西亚和英国、日本等。无论是鲜草菇还是干草菇或罐头，在国内外市场上都是最受欢迎的食用菌之一。

据最新资料显示，食用菌的产销量每年都在大幅度增长。目前广州市草菇日销售量达到 20～30 吨、深圳 8～10 吨，香港也在 10 吨以上。而且一个显著的变化是，随着人们消费结构的变化鲜菇消费量逐年上升，在美国市场上鲜菇所占比例由过去的 30%已经上升至 65%。据中国食用菌协会统计，1999 年全国(不包括台湾和香港)当年草菇总产量为 5.47 万吨，超过万吨的主产省份为福建(1.6 万吨)、广东(1.2 万吨)和江苏(1.2 万吨)。不论鲜菇、干品或罐头制品都是国际市场上的畅销货，每吨价格 0.8 万～1 万美元。随着人们生活水平的不断提高，草菇的生产量已远远不能够满足国内外市场的需要。草菇生产蕴藏着巨大的市场潜力。

在目前进行大量商业栽培的10多种食用菌中，种植袋栽草菇的投入产出比是比较高的，而且有下列特点。

1. *设施简易* 草菇的栽培较为简单，一般不需要特殊及复杂的设备，集体和个人都能生产。

2. *栽培地点不受限制* 对栽培场地要求不高，室内、室外都可进行。因此，无论是经济较发达的城市，还是在交通不发达的偏远山区都可以进行生产。

3. *栽培周期短* 草菇从接种至出菇采收只有10～14天时间，整个栽培周期也只有30～40天。

4. *效益高* 栽培袋栽草菇的收益比较高，栽培1 000袋的草菇只需投入成本350元(不包括人员工资)，1个月便可收获鲜菇200千克。按每千克6元计算，产值达1 200元，纯收益850余元，投入产出比达1∶3.5。因此，栽培草菇可以为农民增加一笔可观的收入。根据统计，中国每年水稻的播种面积约为0.33亿公顷，年产稻草近2亿吨，只要能利用其中5%，即1 000万吨生产草菇，年可生产草菇约400万吨，总产值就可达到240亿元。

5. *技术好掌握* 袋栽草菇的栽培技术易于掌握，只要有一定的食用菌生产经验，操作1次就可掌握其关键栽培技术。

6. *产品加工方式多样* 草菇不仅可以鲜食，还可以盐渍、干制或是加工成罐头等。对草菇进行深加工，一方面可以缓和产销不协调的矛盾，减少生产季节因产品积压变质所造成的损耗，延长草菇的贮藏时间，做到季节生产周年供应，更重要的是深加工产品大大提高了草菇的附加值。

第三节　草菇生产的前景

草菇是一种原产于热带,亚热带的高温食用菌。其生产栽培原料来源广泛,生产周期短,既可鲜食,也可干制或制罐。因此,无论是经济较发达的城市郊区,还是在交通不方便的偏远山区,都可以进行生产,其经济效益也较高。同时,随着栽培技术的不断进步从夏季生产发展到周年生产,从我国的南方发展到全国所有的省份。不仅为人类增加优质蛋白质的来源,还为广大农民增加了一笔可观的收入,还为农业生产的良性循环提供了大量的有机质肥料。应该说,它是现代农业的一个有机组成部分,是当前发展农业循环经济最好的路子之一,有利于发展山区经济,有利于增加农民收入,有利于增强人类的健康。其发展前景是广阔的。

第二章　草菇的生物学特性

第一节　草菇的形态特征

草菇在形态上可分为子实体和菌丝体两大部分。人们食用的部分就是草菇的子实体，无论菌丝体还是子实体都是由无数的丝状的菌丝组成。

一、菌丝体和菌丝

草菇的菌丝体是由许多菌丝错综交织而成的网状体，它是草菇的营养器官，是草菇的主体。其主要功能是吸收、分解、输送和贮藏营养物质。

草菇的菌丝体呈白色或黄白色，半透明，具丝状分支。在显微镜下观察为透明体，有分枝和横隔。菌丝体按其发育和形态分为初生菌丝和次生菌丝。

（一）初生菌丝

草菇的初生菌丝为单核菌丝，它是由担孢子在适宜的条件下产生的。担孢子萌发时，先吸水膨大，然后突破孢脐长出芽管，芽管顶端生长，伸长后分支，并形成隔膜，即成为初生菌丝。初生菌丝小菌落呈放射状，菌丝透明，生长纤细，生长较弱。

（二）次生菌丝

初生菌丝伸长分支到一定时候，通过相互融合而成次生菌丝。我们平常所见到的菌丝体即为次生菌丝交织而成。由这种菌丝体进一步发育即可形成子实体。次生菌丝的细胞内含有两个核，又叫双核菌丝体。其形态和生长与初生菌丝相似，但比初生菌丝生长得更快、更加茂盛，气生菌丝更旺，在较老菌龄的菌落上，常形成疏松而互相纠缠的气生菌丝团，并略带黄色。此外，次生菌丝在适当时期还会产生无性的厚垣孢子。

二、子实体

子实体是草菇的繁殖器官，成熟的草菇子实体由菌盖、菌褶、菌柄和菌托4个部分构成（图2-1）。现就4个部分的形态构造分述如下。

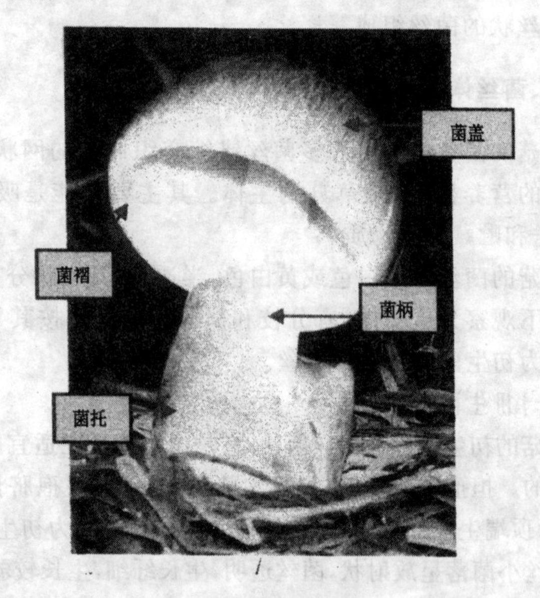

图2-1　子实体

（一）菌　盖

草菇的菌盖位于子实体的顶端，宽5～19厘米，钟形，成熟时平展开，表面平滑，中央稍突起。上表面呈灰色或黑色，中央突起处颜色较深，四周颜色渐淡，至边缘呈灰白色。其色泽的深浅随品种和光照强度的不同有较大差异。菌盖的上表面还具有放射状的暗色纤毛。

（二）菌　褶

它位于菌盖的底面，在未完全成熟时菌褶呈白色，随着发育成熟，渐渐变为粉红色，最后为红褐色。菌褶呈放射状排列，褶片数量为280～380片不等，具有完整的边缘。菌褶与菌柄离生。每片菌褶由3层组织所构成。最内层为菌髓，是一种松软斜生细胞，细胞间有许多胞隙存在；中间层是子实基层，其菌丝细胞密集而膨胀；外层是子实层，由菌丝尖端细胞形成狭长侧丝或膨大而成棒状担子，担子上再着生担孢子。每个成熟的草菇产生的担孢子数量很大，从几亿至几十亿个不等。

（三）菌　柄

着生于菌盖底面的中央，下端与菌托相连，它是支撑菌盖的中柱，又是输送水分、养分的器官。幼菇时期，菌柄隐藏在包被内，粗大而短小。菌柄的大小通常与菌盖成正比，菌盖越大，菌柄越粗。菌柄浅白色，内实，近圆柱形，一般长3～8厘米，直径0.5～1.5厘米。菌柄组织由紧密的条状细胞所组成，最顶端为生长组织，质地脆嫩，其下为伸长部分，成熟后质地变粗，纤维质增多。

（四）菌　托

位于菌柄下端，与菌柄基部相连，是子实体前期的保护被，又叫外包被。它是一种柔软被膜，呈灰黑色，由中间膨胀细胞菌丝构成。外包被在伸长期前包裹着菌盖和菌柄，而当子实体发育至伸长期时，由于菌柄伸长而胀破包被，残留于菌柄基部的外包被便成为菌托。菌托的破口不规则，呈杯状，上部呈灰黑色，往下颜色逐渐变浅，甚至接近白色。菌托基部生有根状菌索，是子实体吸收养分和水分的器官，由松软膨胀的细胞组成。

三、担 孢 子

担孢子来自成熟期子实体的菌褶，着生于小梗上。单个的担孢子，肉眼无法看见，只有在显微镜下才可看见。通过显微镜观察可见，4 个担孢子着生于小梗上，但亦有 3 个或 5 个担孢子着生的情形。担孢子不对称而呈卵球形，平均长度为 5～6 微米，窄端为 3～4 微米。每个担孢子都具有圆滑而厚的细胞壁。

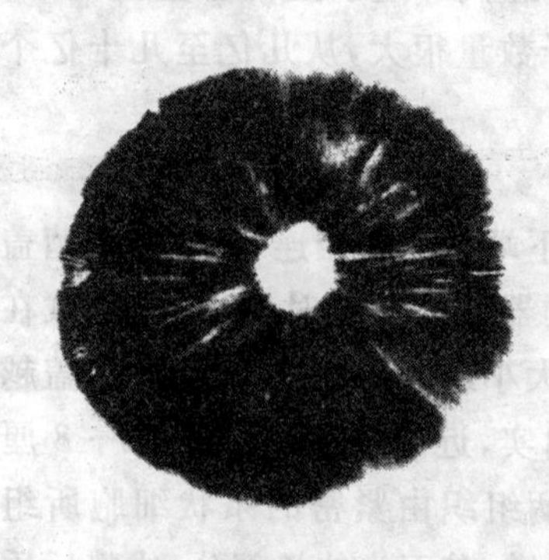

图 2-2 孢 子 印

在担孢子的发育过程中，首先是子实层的菌丝末端逐渐膨大成棒状细胞，有 1 个细胞核，随着细胞的膨大，担子中的这个双倍体核发生减数分裂，形成 4 个单倍体核。与此同时，担子上长出 4 个小梗，其尖端膨大，成为担孢子着生点。随后，4 个核向上移动并分别进入小梗的伸长部位。最后，小梗底部生成隔膜并断裂而成担孢子。成熟的担孢子从子实体的菌褶上弹射出来，散布于空气中，随风漂流，在适宜的条件下萌发而长出芽管，逐渐发育便形成有隔膜的多细胞初生菌丝。如果把成熟子实体的菌柄切去，将菌盖放在一张白纸上，并用玻璃罩盖住，过几个小时后，就会发现有大量孢子弹射出来而在白纸上形成菌褶形的红褐色孢子印(图 2-2)。

四、厚垣孢子

厚垣孢子是草菇菌丝生长发育到一定阶段的产物。其细胞壁较厚，对干旱、寒冷有较强的抵抗能力。厚垣孢子通常呈红褐色，细胞多核，大多数连接在一起成链状。厚垣孢子是草菇菌丝体某些细胞膨大所致，膜壁坚韧，成熟后与菌丝体分离。当温度、湿度条件适宜时，厚垣孢子能萌发形成菌丝。

第二节　草菇的生活史

草菇的生活史是指从孢子萌发，经过菌丝体阶段的生长发育，形成子实体，并由成熟的子实体产生新一代担孢子的整个发育过程。通常把菌丝体生长阶段称为营养生长阶段，子实体发生和发育阶段称为生殖生长阶段。

一、担孢子的萌发

由成熟的草菇子实体弹射出的担孢子，在适宜的环境条件下萌动发芽，先形成圆形的孢芽，继续生长形成芽管，芽管顶端不断生长，长到一定的长度以后开始分支，并生成菌丝，菌丝大量繁殖便形成初生菌丝体。

二、菌丝生长与融合

初生菌丝在适宜环境和营养丰富的培养基上不断生长，菌丝细胞的任何部位都能长出分支，一般菌丝是直线生长的，但有时又是弯曲的。随着菌丝的不断生长，逐渐产生横隔膜，从而形成多细胞的菌丝体。在菌丝生长过程中，菌丝之间细胞常会发生融合现象（连接作用），形成融合桥，使菌丝体内的物质进行交换，形成次生菌丝。当菌丝生长到一定阶段后，某些初生菌丝体和大多数次生菌丝体就开始形成厚垣孢子。

三、厚垣孢子形成和萌发

厚垣孢子是一种无性孢子，细胞壁厚，在适宜的营养、温度、湿度条件下1～2天即可萌发，孢芽从一处或多处长出，形成一至数根芽管，芽管不断伸长和分支，便形成菌丝体。由厚垣孢子萌发而生成的菌丝体能正常形成子实体。这种无性孢子也能起到世代相传的作用。

四、子实体发育

子实体从分化至成熟经过一系列的发育阶段。为便于描述和讨论，可将草菇子实体的发育分为6个不同的阶段，即：针

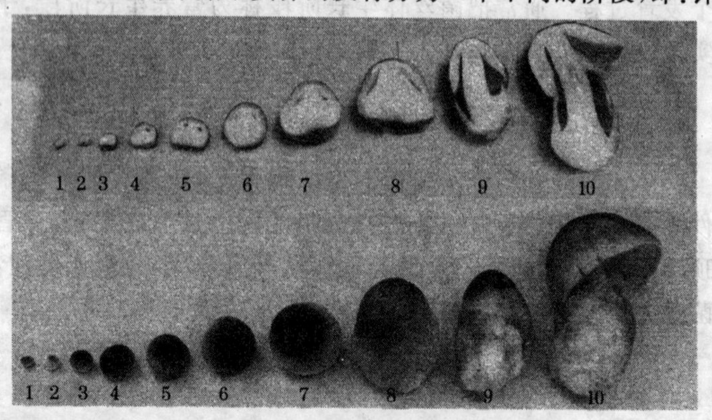

图 2-3 子实体发育过程

1. 针头期 2、3. 小纽扣期 4、5. 纽扣期 6、7、8. 蛋形期 9. 伸长期 10. 成熟期

头期、小纽扣期、纽扣期、蛋形期、伸长期及成熟期（图 2-3）。每一个发育阶段都有其特有的形态学和解剖学上的特征。

(一)针 头 期

当菌丝体生长达到成熟阶段时便扭结成菌丝束，此时，菌丝体开始分化成短片状，并集结成团，形成子实体原基，看似针头大小，所以这个阶段被称为针头期。这一时期子实体呈圆点状，尚未有菌盖、菌柄的分化，整个结构是一小团菌丝细胞。

(二)小纽扣期

针头期后过2～3天，小“针头”发育成一个圆形的小纽菇，叫做小纽扣期，又称细纽期。这时组织已有了明显的菌盖和菌柄的分化。但整个菇体仍包裹在子实体的包被(外菌膜)中，如果把包被除去，可以看到中央深灰色、边缘白色的幼小菌盖。把小纽扣子实体纵向切开，在较厚的菌盖下面可以看出一条很细很窄的带状菌褶。圆形小纽扣菇的包被顶部是深灰色，其余部分是白色。

(三)纽 扣 期

随着菌盖、菌褶、菌柄的形成，子实体的增大，子实体外形似纽扣，便进入了纽扣期，时间为1～2天。这个时期整个菇体仍包裹在包被中，此时，没有担孢子及小梗，只能看到囊状体和侧丝。

(四)蛋 形 期

在纽扣期过后1天内子实体迅速增大，这时整个子实体呈椭圆形，像鸡蛋，且基部稍大，仍被外菌膜所包裹，但顶部的菌膜已很薄，从纵切面看，外菌膜与菌柄相连的地方仍然很厚，但里面的菌褶和菌柄比纽扣期长，通过显微镜观察表明，蛋形期的担子正处在产生小梗的阶段，尚未形成担孢子。

(五)伸 长 期

蛋形期过后几个小时子实体进入伸长期，这一时期发育的重点在菌柄和菌盖部分，由于菌柄特别伸长而冲破包被，残留在菌柄基部的包被便成为菌托，伸长期的菌柄伸长主要集中在上半部，亦即是生长点所在的部位，解剖学研究表明，菌柄生长点正好位于菌盖的下方。所以，在用组织分离方法制备纯菌种时，挑取菌盖与菌柄交界部位要优于子实体的其他部位。伸长期的后期，菌盖呈钟罩形开始张开，而菌褶颜色亦由白色逐渐变为肉色及粉红色，这时的菌褶垂生于菌盖下表面，从近菌柄处向边缘放射出许多薄刀片形的菌褶组织，担子上长出小梗，并开始形成担孢子。

（六）成熟期

伸长期过后，子实体进入成熟期，时间为1～1.5天。此时菌盖钟形，随后逐渐平展呈平板状。菌柄白色，渐变中空并纤维化。菌褶由白色变肉红色，最后为深褐色，这是成熟担孢子的颜色，担孢子开始弹射，若将白纸置于菌盖下，经过几个小时，便收集到完整的孢子印。担孢子的弹射时间大约为1天。

第三节　草菇生长发育所需的营养条件

草菇是一种草腐菌，只能利用现成的有机物。野生的草菇常腐生在植物的枯枝烂叶上，从中吸收所需要的养分。人工栽培的草菇是模拟其自然生境，以作物的秸秆为主要原料，为草菇的生长发育提供充足的营养，从而使草菇生产获得较高的产量。当营养供给不足或供给不平衡时，就会不同程度地影响菌丝体的生长和子实体的形成与发育，导致产量的下降。草菇所需要的营养条件主要包括碳源、氮源、无机盐、维生素和生长激素等。

一、碳　源

凡是可以构成细胞和代谢产物中碳素来源的营养物质称为碳源。其主要作用是构成细胞物质和供给草菇生长发育所需要的能量,是草菇最重要的营养来源之一。碳是草菇中含量最多的元素,约占菌体成分的 50%以上。自然界中的碳源可分为无机态和有机态两类,草菇等食用菌均不能利用无机态碳,只能利用有机态碳,如葡萄糖、蔗糖、麦芽糖和有机酸等小分子有机物,以及纤维素、半纤维素、木质素和淀粉等高分子有机物。小分子有机物可直接被草菇细胞所吸收利用,而高分子有机物则不能被直接吸收,必须先由菌丝体分泌出相应的水解酶将它们降解为小分子物质后才能被吸收利用,如纤维素、半纤维素和淀粉必须分别通过纤维素酶、半纤维素酶和淀粉酶的降解,成为葡萄糖等单糖后才能被草菇菌丝所吸收。

在稻草、麦秸、废棉及棉籽壳等农作物副产品中含有大量的纤维素和半纤维素,草菇菌丝可通过分泌纤维素酶和半纤维素酶把它们降解为葡萄糖后加以利用。所以,稻草、麦秸、废棉等农作物副产品是栽培草菇的良好碳源。不过,稻草、麦秸等秸秆中的纤维素、半纤维素含量虽高,但由于它们的特殊结构,使得这些纤维素和半纤维素分解较慢或难于分解,因而不能及时满足菌丝生长的需要。因此,我们在利用这些秸秆作碳源时,最好能将它们先做适当处理(如石灰水浸泡、微生物发酵等)后再使用。

然而,草菇菌丝对碳源的利用还受到其他营养物质及环境和 pH 值的影响。据张树庭报道,酵母提取物的添加或培养基中 pH 值的改变均可影响草菇菌丝对碳源的利用。在培养基中添加酵母提取物时,可促进菌丝对葡萄糖、麦芽糖及蔗糖的利用,从而使培养基中的碳氮比(C/N)增大。经研究发现,在补加 0.5%的酵母提取物,碳氮比为 80 时,菌丝生长量最大。培养料的 pH 值较高时,可促进对果胶的利用,而对葡萄糖和麦芽糖的利用影响不大。

二、氮　源

提供氮素来源的营养物质称为氮源。氮素是草菇最重要的营养成分之一,也是草菇合成蛋白质、核酸和一些维生素所必需的主要原料。草菇生长发育所需的氮源亦可分为有机氮和无机氮两大类。能为草菇利用的无机氮主要是硫酸铵、硝酸铵等。有机氮主要是尿素、氨基酸、蛋白胨、蛋白质等。但草菇菌丝对无机氮的利用效果不好,因此我们在试验或生产中主要利用有机氮。草菇菌丝可直接吸收氨基酸和尿素等小分子的有机氮,而不能直接吸收蛋白质等高分子有机氮。高分子的蛋白质必须经过菌丝分泌的蛋白酶分解成为氨基酸后才能被菌丝吸收利用。

培养基中的氮源浓度对草菇的营养生长和子实体的形成有很大的影响。一般在菌丝生长阶段,培养基中的含氮量以 1.6%～6.4%为宜,含氮量低时,菌丝生长受阻碍。在子实体发育阶段,培养基中的含氮量在 1.6%～3.2%为宜,氮的浓度过高时反而会抑制草菇子实体的分化和发育。

氮源的利用亦受碳源等其他营养物质浓度的影响。如果提高培养基中的碳源浓度,则氮源浓度也可相应提高。所以,在草菇的培养基中,碳氮比要适当。一般认为,在营养生长阶段,碳氮比要小些,以 20～30 为宜。而在生殖生长阶段,碳氮比要大些,以 40～50 为宜。总的来说,适当的碳氮比要视培养基质中初级碳源和氮源的多少而定。

在农副产品中，可供草菇利用的有机氮源有麸皮、米糠、棉籽饼、豆饼、蚕蛹、酵母液、玉米浆以及禽畜粪便等。这些氮源在栽培草菇的培养料中单独或搭配使用，效果很好。

三、无 机 盐

无机盐是草菇生长发育不可缺少的营养物质，其主要功能是构成细胞成分，作为酶的组成部分以维持酶活性以及调节细胞的渗透压等。尽管其需要量很少，但如果缺少它们，则会使草菇的生长发育受阻，影响菌丝生长和草菇的产量。按照生长发育需要量的多少，无机盐可分为常量元素和微量元素两类。常量元素有：磷、钾、镁、硫等，也是最重要的。硫是合成半胱氨酸和蛋氨酸等含硫氨基酸所必需的元素，也是合成维生素 B_1、生物素及某些代谢产物所必需的；磷存在于三磷酸腺苷（ATP）、核酸和膜磷脂中，对菌丝的新陈代谢有着非常重要的作用；钾在某些酶系统中起协调因子作用；镁是许多代谢过程的酶所不可缺少的激活剂。这些常量元素在培养基中的适宜浓度为 100～500 毫克/升。另外，还有一些无机元素，对草菇菌丝生长发育的需要量甚微，故称为微量元素，如铁、钴、锰、锌、钼等，它们在培养基中需要的浓度一般在 0.01～1 微克/升。一般来说，上述常量元素，在秸秆、废棉等培养料中都有一定的含量，基本上能满足草菇生长发育的需要，但有时也要根据培养料的不同而适当添加钙、磷、钾、镁等元素，以促进草菇菌丝的生长发育。至于微量元素，则在天然培养料和普通用水中都已含有足够的量，除用蒸馏水配制培养基外，一般都不必添加。常用的无机盐有磷酸二氢钾、磷酸氢二钾、硫酸钙、碳酸钙及硫酸镁等。草菇菌丝可从这些无机盐中获取磷、钾、钙、镁、硫等无机元素。

四、维 生 素

这是草菇生长发育不可缺少而需要量又甚微的一类特殊的有机物。维生素既不是作为细胞的结构物质,亦不作为能源,主要是用作转化作用的辅酶参与生物体的新陈代谢。草菇生长发育所需的维生素主要是硫胺素(维生素 B_1),其作用是作为羧化酶的辅酶,如果培养基中缺少硫胺素,则菌丝生长缓慢,并抑制子实体的发育。它在培养基中的浓度一般以0.1～10毫克/升为宜。此外,草菇生长还需要生物素(维生素 B_7)和核黄素(维生素 B_2)等维生素。维生素在马铃薯、麦芽汁、酵母提取物和米糠等原料中含量较多。因此,用这些材料配制培养基时无须再添加。但要注意这些维生素多不耐高温,在120℃以上的高温下极易破坏。所以,在培养基灭菌时,应适当降低温度。

五、生长激素

生长激素有促进菌丝或子实体生长的作用。它们虽然不是菌丝生长发育必需的营养物质,但是如果使用适当,可以促进草菇菌丝和子实体的生长发育,从而提高子实体的产量。如三十烷醇、a-萘乙酸、吲哚乙酸和赤霉素等都是目前在食用菌中较常用的生长激素。如三十烷醇是已知生长调节物质中生理活性较强的一种,据报道三十烷醇在食用菌中的使用浓度为0.1～1微克/克,0.5微克/克的效果最好;超过2.5微克/克菌丝生长反受抑制。

第四节　草菇生长发育所需的环境条件

草菇生长发育的环境条件主要包括温度、湿度、空气、光照、酸碱度等。只有在以上各种环境因素都适合的情况下，草菇栽培才能获得高产。

一、温　度

温度是草菇生长发育最重要的环境条件之一。草菇生长发育的不同阶段，对温度的要求也不同，同时对温度的反应相当敏感。

(一)菌丝体生长对温度的要求

草菇是属于高温性的真菌，其菌丝体的生长要求较高的温度。菌丝可以生长的温度范围是10℃～43℃，生长适温为30℃～39℃，最适生长温度为35℃～36℃。但是，低于15℃或高于42℃时，菌丝生长会受到强烈的抑制。5℃的低温或45℃的高温可导致菌丝死亡。

(二)子实体分化时期对温度的要求

一般来说，食用菌子实体分化时要求的温度要比菌丝体生长的温度低些。根据子实体分化时对温度的要求，可把食用菌分为3种类型。

1. 低温型　子实体分化的最适温度在20℃以下，最高不超过24℃，如香菇、平菇、金针菇、双孢蘑菇等。

2. 中温型　子实体分化的最适温度为20℃～24℃，最高温度为28℃，如白木耳、黑木耳、大肥菇等。

3. 高温型　子实体分化的最适温度为24℃以上，最高可达30℃以上，草菇便是这一类型的典型代表，其子实体分化的最适温度为28℃～30℃，低于20℃或高于35℃都不能形成子实体。而草菇孢子萌发的最适温度可高达40℃。

（三）子实体发育时期对温度的要求

一般的说，子实体发育的最适温度要比菌丝体生长的最适温度低，但要比子实体分化时的最适温度要高些。草菇由生理上成熟的菌丝体扭结成原基这一阶段可称为子实体分化期，要求适温为28℃～30℃，接着便进入子实体的发育期，这时要求的温度比分化期稍高些，以30℃～32℃为宜。培养料温度超过40℃时，子实体生长速度快，个体小，极易开伞。在适宜温度条件下，温度偏低时子实体生长缓慢，个体大，开伞慢，长势好，菇质优。子实体对温差极其敏感，12小时料温变化5℃以上，特别是低温反季节栽培时，极易造成草菇大面积死亡，甚至绝收。夏季的台风天气、雷雨天气都会造成温度骤降，而使子实体大量死亡。由于草菇子实体含有比菌丝体更多的蛋白质、糖类及其他养分，极易受杂菌污染，所以在实际栽培时，子实体发育的温度可适当控制低些，以抑制杂菌生长。

二、湿　度

水是草菇菌丝和子实体细胞的重要组成部分，一般鲜草菇的含水量达90%左右。水是草菇新陈代谢、吸收营养不可缺少的基本物质。草菇在生长发育的每个阶段都需要水分，而在子实体发育时需要量更大。草菇生产上所谓的湿度，一是培养料的含水量，二是指栽培环境的空气相对湿度。

（一）培养料的含水量

培养料所含的水是草菇所需水分的最重要的来源，只有培养料中含有足够的水分时，子实体才能正常地形成。实践证明，草姑培养料的含水量在65%～75%较为适宜。培养料中的水分由于蒸发或子实体吸收而减少，因此必须采用适当的方法及时补充。

（二）空气相对湿度

草菇在生长发育过程中，要求生长环境保持一定的空气相对湿度。一般在菌丝生长阶段，要求空气相对湿度低些，以70％左右为宜。在子实体分化发育阶段，要求较高的空气相对湿度，一般要求在85％～95％为宜。如果空气相对湿度低于60％，子实体发育停止。当空气相对湿度降至40％～50％时，子实体便不再分化，即使已分化出来的小菇蕾也会枯死。应当指出，尽管在子实体发育阶段要求较高的空气相对湿度，但也不能过高，最好不要超过96％，如果相对湿度过高，不仅容易引起杂菌生长，而且阻碍菇体的蒸腾作用，而这种作用又是细胞原生质流动和营养物质运输的促进因素。所以，如果湿度过高，轻则因蒸腾作用受阻而影响子实体的正常发育，甚至使纽扣期前的小菇又变成菌丝体，而造成减产，重者会造成大面积的死菇。

三、酸碱度（pH 值）

大多数的食用菌都喜欢酸性的培养基质，一般最适 pH 值为 5～5.5。而草菇则是对 pH 值的要求较特殊的一种食用菌。它喜欢偏碱性的培养基质。草菇菌丝在 pH 值为 4～10的范围内均可生长，菌丝生长的最适 pH 值为 7.5，孢子萌发的最适 pH 值为 7～7.5。在 pH 值为 8 的培养料中，草菇菌丝和子实体均能正常生长发育。在草菇生产中，培养料的 pH 值一般都调至 8～8.5。而偏酸性培养料不仅不利于菌丝的生长和子实体的发育，而且容易受杂菌的感染。为了使菌丝生长在比较稳定的 pH 值范围内，在配制培养基时，可添加适量石灰或碳酸钙来调节。

四、空　气

在空气中，氧气和二氧化碳是影响草菇生长发育的重要因素。一般在正常的空气中，氧气的含量约为 21%，二氧化碳含量约为 0.03%。草菇菌丝在呼吸时吸收氧气而排出二氧化碳，当空气中二氧化碳浓度过高时，必然会影响草菇的呼吸活动和生长发育。草菇是好气性真菌，特别是在 30℃的环境条件下生长，其呼吸代谢非常旺盛，需要消耗大量的氧气，因此，生长发育过程要求较充足的氧气，如果空气不流通，氧气不足，就会抑制草菇菌丝的生长和子实体的发育。草菇在子实体分化阶段，对氧气的要求量稍低，此时空气中的二氧化碳浓度适当高些（0.034%～0.1%），反而对子实体的分化有利。一旦子实体形成后，其呼吸代谢旺盛，对氧气的要求也就急剧增加。这时，空气中二氧化碳浓度达到 0.1%时，对子实体就有毒害作用，导致子实体发育畸形，甚至完全抑制子实体的形成，并导致菇体死亡。但如果通风量过大，水分容易散失，而影响子实体的分化，同时对子实体的生长也不利。

五、光　照

草菇担孢子的萌发、菌丝体的生长完全不需要光照，在完全黑暗条件下草菇菌丝可以正常地生长，直接的光照反而会抑制其菌丝的生长。但是，在草菇的子实体发育阶段却需要适量的散射光。虽然在黑暗条件下也能形成正常子实体，但适当的光照对子实体的形成有促进作用。光线的强弱直接影响着子实体的品质和色泽。光照强时子实体颜色深而有光泽，子实体组织致密；没有光照时子实体则色浅而暗淡，有时近乎灰白色。但强烈的直射光照对子实体有严重的抑制作用。因此,在室外栽培草菇时,选择树阴之地或加以人工遮光是必要的。

第三章 草菇菌种的生产

菌种是指经人工培养获得的可供进一步繁殖或栽培使用的食用菌菌丝纯培养物。这相当于高等植物的秧苗。食用菌菌种有特定的制作程序，只有掌握了制种技术，才能生产出优良的菌种，使食用菌栽培获得成功。

草菇菌种由 3 部分组成，即草菇菌株的纯菌丝体、菌丝体着生的基质和包装容器。草菇菌种按基质成分的不同，分为棉籽壳菌种、粪草菌种、麦粒菌种等；按培养基质物理性状不同，分为固体菌种与液体菌种；按照使用目的的不同，把菌种分为保藏菌种、试验菌种、选择菌种、鉴定菌种和生产菌种；按菌种生产步骤分为母种、原种、栽培种之分，或称其为一级种、二级种、三级种。

第一节 草菇菌种的分级及生产工艺流程

一、菌种分级

根据"食用菌菌种管理办法"，菌种分为一级、二级、三级，菌种场相对应分为一级菌种场、二级菌种场和三级菌种场。

(一)母 种

母种又称为一级种、试管种，是将经孢子分离法或组织分离法得到的纯培养物，移接到试管斜面培养基上培养而得到的纯种。除单孢子分离的外，一般获得的母种纯菌丝具有结实性。采用分离法获得的母种数量很少，需要将菌丝再次转接到新的斜面培养基上，进行转管繁殖以得到更多的母种，这种母种称为再生母种。

（二）原　种

原种又称为二级种，是由母种转接到装有麸皮等固体培养基质的专有菌种瓶中培养而成的。根据《食用菌管理办法》和《食用菌菌种生产技术规程》的规定1只母种只能生产6瓶原种。原种的容器为750毫升菌种瓶或符合要求的塑料袋。

（三）栽培种

栽培种又称为三级种，是在原种的基础上进一步扩大繁殖而成的。栽培种的培养基质与原种的培养基质类似，但更接近于栽培基质。栽培种数量较多、成本较低，可以直接用于生产栽培袋上进行栽培。栽培中通常采用棉籽壳为培养基，以塑料袋或玻璃瓶作为容器。根据《食用菌管理办法》和《食用菌菌种生产技术规程》的规定，1瓶原种可以扩大繁殖50袋栽培种。

二、菌种生产工艺流程

草菇菌种生产工艺流程见图3-1。

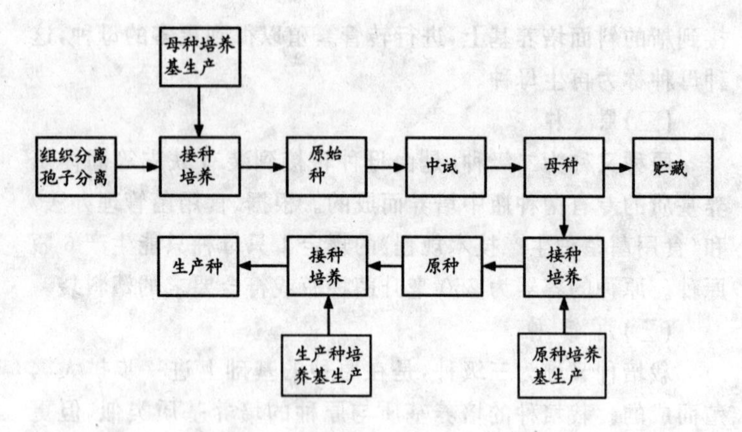

图 3-1　草菇菌种生产工艺流程图

第二节　菌种生产的场地

草菇菌种生产的场地要具备：料场、晒场、配料场、装料场、灭菌室、冷却室、接种室、培养室等相应独立的场所。此外，母种生产还必须有出菇场所。

一、场地要求及用途

（一）料　场

料场是培养料的贮存场所，主要用于存放棉籽壳、麸皮、麦粒、石灰、石膏等培养材料，菌种瓶、塑料袋等培养容器。草菇菌种料场以室内场所为主，要求单独建房，以防止螨类传播，同时要做好场所的通风和降湿，要注意防止原料霉变、变质。

（二）晒　场

用于培养料的暴晒，以起到杀虫灭菌的作用。要求地势开阔、空旷、通风良好、干燥的水泥地或硬土地。

(三)配 料 场

用于培养基的配制。要求场所宽敞,光线明亮,水、电方便,水泥地面。配置水龙头和洗涤槽等。

(四)装 料 场

用于培养基的分装。一般中、小菌种场,装料场和配料场合在一起。

(五)灭 菌 室

是放置各种灭菌设备,用于培养基灭菌的地方。要求空间开阔、水电方便、空气流通。

(六)冷 却 室

用于冷却灭菌后的培养基,要求按无菌室的标准构建,空间干燥、洁净、防尘、易散热。要经常清洗场所、空间消毒。设置推拉门、缓冲间。

(七)接 种 室

总体要求与冷却室相似,一般小规模的菌种场二者是合二为一的。

(八)培 养 室

培养室的总体要求与接种室相似,通风、干燥、洁净、保温、防潮。要有控温设施,内设菌种架。

二、菌种场的布局

菌种场各个场地布局要合理,否则会影响到工作效率和菌种的成品率,从而影响到菌种场的经济效益。在布局上根据《食用菌菌种管理办法》以及生产实践有以下几项的要求。

第一,菌种场周围至少 300 米之内无禽畜舍,无垃圾(粪便)场,无污水和其他污染源(如大量扬尘的水泥厂、砖瓦厂、石灰厂、木材加工厂等)。

第二,冷却、接种、培养、贮存等要求无菌的场所在布局上与料场、晒料、配料、装料等带菌场所要远离,同时在制种高峰期时,无菌场所在风向上游,带菌场所在风向下游。

第三,冷却、接种、培养等无菌场所要相连,而料场、晒料场等带菌场所也要靠近,以减少污染、减小劳动强度。

第四,生产流程要顺畅。菌种场布局应结合地形、方位,统筹安排。防止交错,以免引起生产的混乱。布局详见图 3-2。

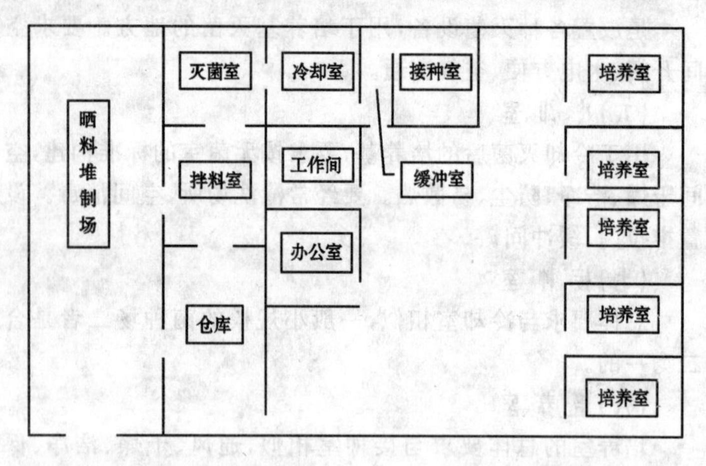

图 3-2 菌种场布局图

第三节　菌种生产的设备和设施

一、灭菌设备

(一)高压蒸汽灭菌锅

是菌种生产上最为重要的设备,它是在一个密闭的金属耐压容器中,通过煤、电等对水进行加热产生水蒸气,并利用水蒸气驱尽锅内空气,同时使锅体内的气压升高,从而产生饱和过热蒸汽,进而形成高温(一般为127℃),并以此高温来彻底杀灭杂菌,实现培养基的灭菌。常用的高压蒸汽灭菌锅主要有:手提式高压蒸汽灭菌锅(图3-3),主要用于母种培养基的灭菌;卧式高压蒸汽灭菌锅(图3-4)和立式高压蒸汽灭菌锅(图3-5),主要用于原种和栽培种培养基的灭菌。

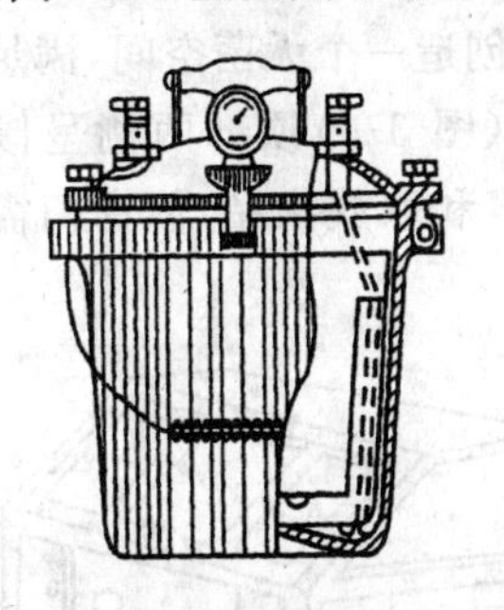

图3-3　手提式高压蒸汽灭菌锅

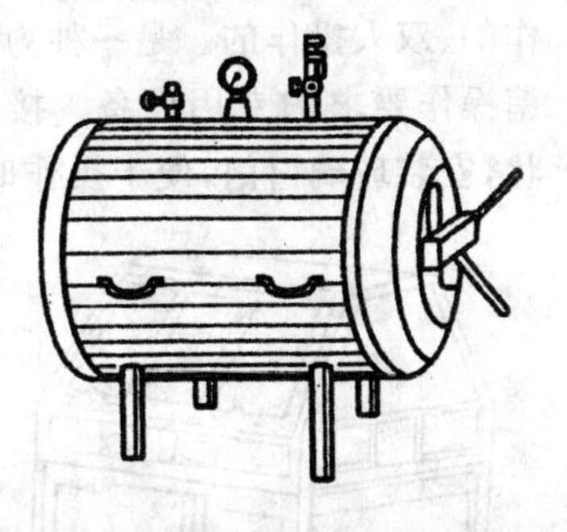

图3-4　卧式高压蒸汽灭菌锅

(二)常压蒸汽灭菌锅

是生产栽培种的灭菌设备,是在常压下产生100℃饱和蒸汽进行灭菌。由灭菌柜和蒸汽发生系统组成,灭菌柜根据

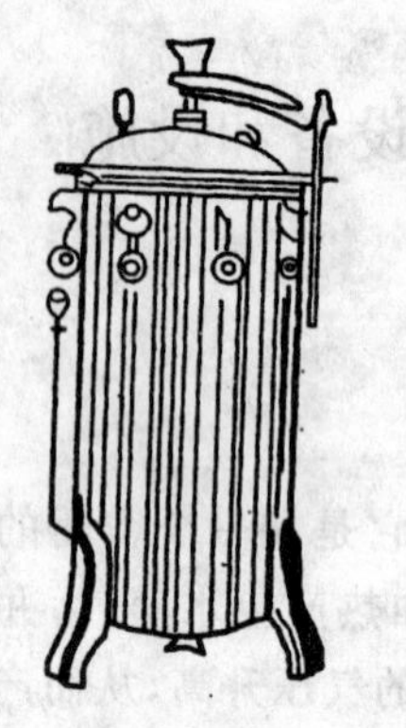

图 3-5　立式高压蒸汽灭菌锅

材料的不同有砖混结构的、钢板式结构的等，而蒸汽发生系统更是多种多样，规模较大的利用锅炉作为蒸汽的来源，一般规模的可用蒸汽炉、铁桶式蒸汽发生器、普通铁锅等。常压锅的优点是制作简单，造价低。但缺点是升温较慢，耗能较大，灭菌时间长，灭菌时冷凝水多、不好操作。因此在生产上不提倡使用。

二、接种设施

(一)接 种 箱

生产上的接种箱常为木质结构，规格多种多样，有单人操作的、双人操作的。是一种为接种创造一个无菌空间，满足无菌操作要求的专用设备。接种箱(图 3-6)顶部两侧呈倾斜状，安装玻璃窗门，便于操作时观察和取放物品，但窗门需密

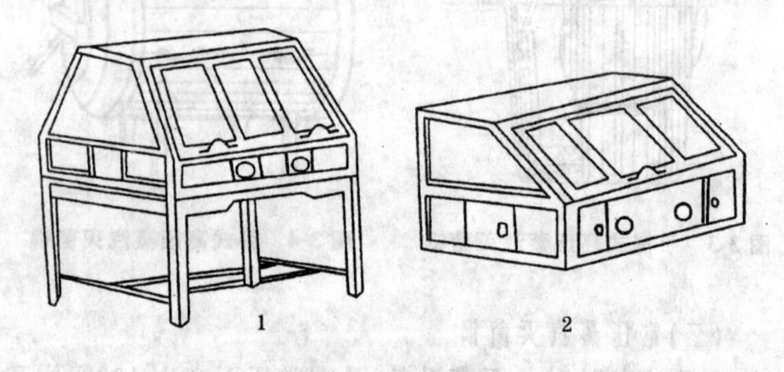

图 3-6　接 种 箱

1. 双人接种箱　2. 单人接种箱　(仿《自修食用菌学》)

闭。箱底部两侧箱壁上有两个椭圆形的操作孔，操作孔装袖套，接种时手由袖套伸入箱内操作。箱内有紫外线灯和日光灯。接种箱应放在专用无菌的接种室内，接种箱应保持清洁、无杂物。接种前、后箱内都应用0.1%高锰酸钾溶液擦洗，再用清洁干布揩干。

(二)超净工作台

是一种过滤空气局部平行层流装置，利用过滤灭菌的原理，让空气过滤器把空气高效过滤除尘、洁净后，以垂直或水平层流状态通过操作区，在局部创造高洁净度的无菌空气，使工作台范围内成为无菌状态(图3-7)。同样的超净工作台要安装在无菌接种室中，而且要定期清洗。接种室或超净工作台的洁净度如何，可用简便方法检验：在接种的工作台上，以平均间隔位置摆放平皿3个，每个皿内装营养丰富并经灭菌的牛肉膏蛋白胨固体培养基约20毫升。打开皿盖暴露培养基30分钟再盖上，于25℃培养48小时检查菌落数，平均每个平皿中不超过4个为除菌合格。洁净度基本达到100级(国际标准：空气中≥0.5微米的尘埃的量≤3.5粒/升，即达到100级)。

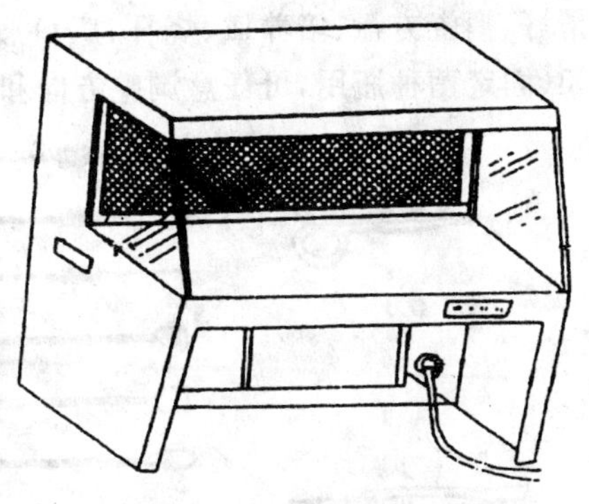

图3-7 超净工作台

(三)常用接种工具

菌种移接的工具大多是自己加工制作的，最普通的制作材料是自行车辐条，一般钢丝烧灼后容易生锈，所以制作接种工具最好使用不锈钢丝、电焊条或镁合金钢丝制作，主要工具有以下几种(图 3-8)：接种刀、接种锄、接种铲、接种环、接种针、接种匙。接种室内常用器械工具还有解剖刀、手术刀、酒精灯、搪瓷方盘、培养皿、烧杯、广口瓶(装酒精棉球)、菌种瓶架(固定菌种瓶用，可任意调整方向和高度)等。

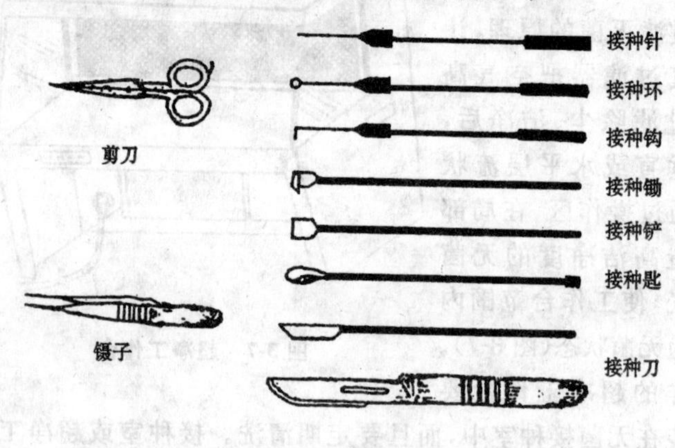

图 3-8　接种工具

三、制种用具

(一)搅 拌 机

主要用于将培养基中各种成分混合均匀的专业设备。由电动机、齿轮、三角皮带传动系统，离合器、搅拌室、搅拌轴等部件组成。搅拌机分为叶轮式和螺旋式两种。代表型号为 WJ-70(图 3-9)，每小时可拌料 800～1 000 千克，每 3 分钟投入料为 40～50 千克。

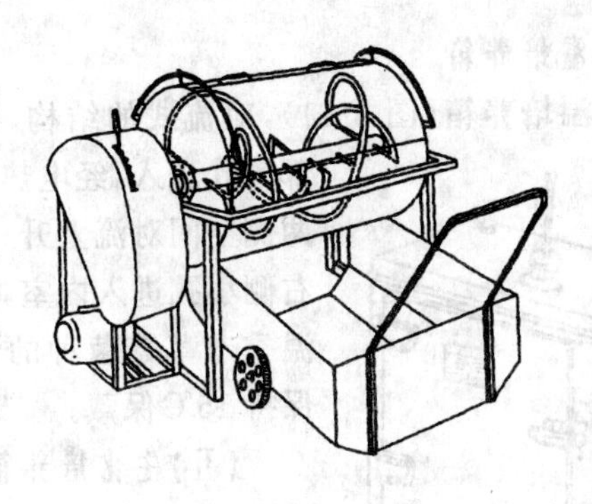

图 3-9　搅拌机　（仿　张松）

（二）过筛机

用于清除木屑中的木块、碎木等杂物的专用机械，由机架、减速机组，传动系统、网壳、筛网等组成。

（三）装袋（瓶）机

是将混合好的培养料装入袋（瓶）内的机械，可代替手工装袋（瓶），使生产者从繁重的体力劳动中解放出来。有冲压式、手推转式、手压式等多种形式，一般全机由机架、喂料装置、螺旋输送器、传动操作系统、电动机等组成（图 3-10），装料松紧度以手托挤来控制。据不完全统计，国产装袋（瓶）机型号有 30 多种，其中有代表性的 ZPD-103A、GE、ZDP3、ZPD-1、6ZP-500A 等。

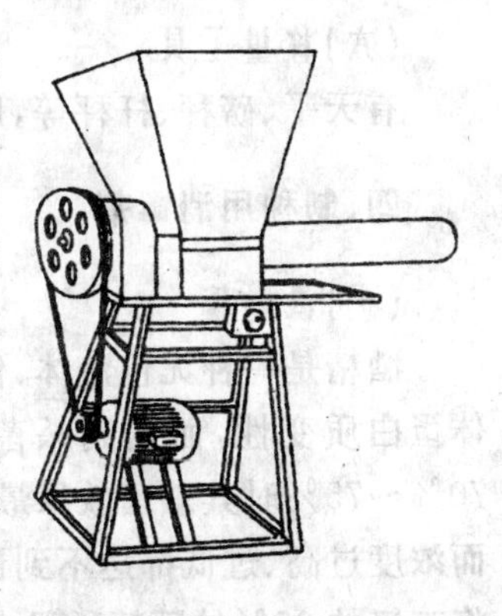

图 3-10　装袋机
（仿　张松）

(四)恒温培养箱

电热恒温培养箱(图 3-11),对流式的结构,冷空气从后部风孔进入,经电热器加热后从两侧空间对流上升,并由内胆左右侧小孔进入内室,它适用于低温季节草菇菌种的恒温培养与保持 15℃保藏。

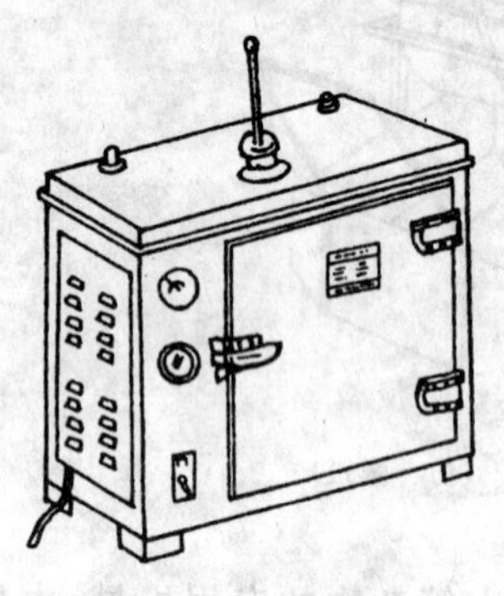

图 3-11　培养箱

(五)生化培养箱

温度可调并且恒温效果更精确。一年四季都能使用。在炎热的夏季草菇是不能放置在冰箱或冰柜中的,最好是放在调温在 15℃的生化培养箱中。

(六)称量工具

有天平、磅秤、杆秤等,用于培养基的称量。

四、制种用消毒剂

(一)酒　精

酒精是一种无色液体,作用机制是使微生物细胞脱水,菌体蛋白质变性,而达到杀菌的目的。使用时酒精的浓度在 70%~75%时其杀菌效果最好,此浓度下酒精的穿透力最强,而浓度过高、过低都达不到预期的消毒效果。因此,使用时要将市售的 95%的酒精稀释成 70%~75%,用于消毒接种操作人员的手、接种箱的四壁、接种工具、试管、菌种瓶的表面等。

(二)甲　醛

福尔马林是甲醛的 37%~40%的水溶液,它是强还原剂,能与微生物细胞蛋白质的氨基相结合而使其变性,当其气体在空气中的浓度为15毫克/升时,保持2小时可杀死细菌的营养体,12小时可杀死细菌的芽孢。在菌种生产上用甲醛作消毒剂时,一般与高锰酸钾一起使用,让二者发生氧化还原反应而产生大量的热量,使甲醛挥发。使用时在接种箱、接种室内放一个容器,先将甲醛倒入容器中而后再倒入高锰酸钾,通常每立方米空间用甲醛5~10毫升,高锰酸钾3~5克。接种箱消毒60分钟可接种,接种室要12个小时后才可接种。

(三)高锰酸钾

高锰酸钾常温下呈暗紫色结晶体状,有金属光泽,较稳定,极易溶于水,其水溶液呈紫红色。高锰酸钾是一种强氧化剂,能把微生物细胞中的蛋白质氧化,使之失去活性,而达到灭菌的目的。高锰酸钾除了与甲醛混合熏蒸消毒外,还可配成0.1~0.2%的水溶液用于洗涤器皿,擦洗菌种瓶、菌种袋表面,擦洗菌种培养室的地板、墙壁、床架等。

(四)气雾消毒剂

气雾消毒剂其主要成分为次氯酸,是一种广谱、高效、快捷、安全的消毒剂,其与甲醛相比具有使用运输方便、消毒快捷、对人体刺激性小等优点,是目前菌种生产上使用最广泛的接种用消毒剂。通常每立方米用量为3~5克,点燃后熏蒸30分钟即可。

(五)新洁尔灭

新洁尔灭对细菌、病毒有较好的杀灭作用,而对真菌杀灭效果不佳。市售的5%新洁尔灭溶液使用时要加入20倍水稀释成0.25%的溶液,浸泡、喷洒、擦拭均可。

第四节　草菇母种的分离和制作

一、母种分离技术

母种分离方法较多，在草菇上主要用组织分离法和孢子分离法。

（一）组织分离法

子实体是特殊分化的菌丝体，从其任何一部分组织中分割下一小块均可重新长出菌丝体，并进一步发展形成新的子实体。由于组织分离法长出的菌丝体能够很好地保持亲本的生物学特性，不易发生遗传变异，无论幼菇还是成熟菇体，只要是新鲜的，均能分离培养。这种方法简单易行，便于推广应用，是菌种生产经常采用的方法。

1. 菇体的选择　选择发育良好的子实体是获得合格菌种的先决条件。作为种菇的子实体应该选择外形端正、包被未裂开、菌膜较厚，并且没有病虫害危害的材料。

2. 表面消毒　先用刀子将带杂质部分的菌柄切去，然后于无菌室内用无菌水冲洗数次，并用无菌纸充分吸干，再用0.1%升汞浸泡5分钟。取出后用无菌水冲洗多次，或直接用75%的酒精涂擦菇体表面进行表面消毒，消毒后用无菌纱布将菇体揩干。

3. 分离　用无菌的小刀将种菇切成两半，在细胞分裂最旺盛、再生能力最强的菌柄与菌盖连接处（图3-12），去掉种菇表皮后切取约0.5～1厘米的小方块若干，用无菌的小镊子或无菌接种铲把每一小块放入试管斜面培养基上。

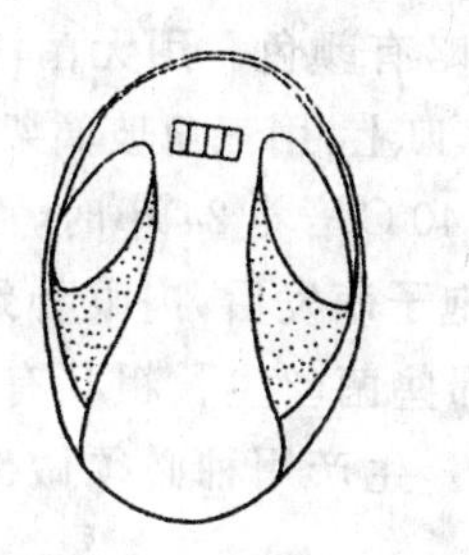
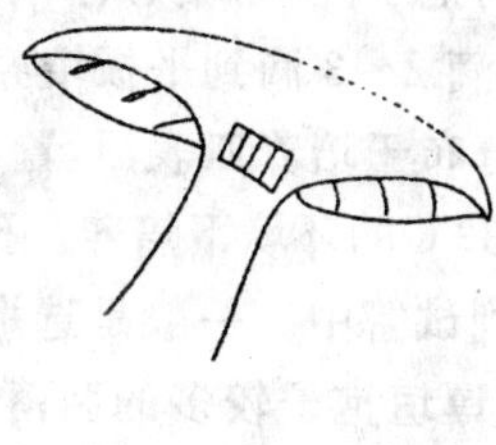

图 3-12 组织分离部位示意图

把带有组织小块的试管放入 35℃的恒温箱中培养，2～3 天后组织块及其周围便可长出白色菌丝，7～8 天后菌丝长满斜面，稍后就有褐色或红色的厚垣孢子出现。新分离出来的菌株，还需要经过 3～4 次转管纯化，观察厚垣孢子的生长量、气生菌丝生长状况和分支状况，选择气生菌丝较多、菌丝粗而直的菌株进行出菇试验。

4. **出菇试验** 草菇菌种选育都必须进行的工作，也是最终的检验标准。

(二)孢子分离法

孢子分离法由于需要较多的设备，做法也比组织分离复杂而未被广泛使用。其对种菇的选择标准同组织分离法。在菇床上做好标记，让菇蕾自然展开。当菌盖从菌托中伸出，到菌盖完全开展，菌褶呈褐色时，用消毒过的小刀将菌柄切除，菌盖用消毒纸包好，带入无菌室内，用 75%的酒精棉球消毒菇体，然后插入消毒好的孢子收集器中，放在 20℃以上的温度下收集孢子(图 3-13)。收集时间因气温的不同有所差异，一般 1～2 天就可，当看到滤纸上有咖啡色时即可取出，把培养皿封好备用。

剪取落有孢子的滤纸条，放在注射用蒸馏水安瓿瓶中，将滤纸条上的孢子洗下，使悬浮液略有颜色。用无菌注射器吸取悬浮液，滴 2～3 滴到平板培养皿上，用三角玻璃架推开，使孢子均匀分布于培养皿表面，置 40℃培养 24 小时，而后再放到 30℃～33℃的环境下培养。孢子萌发后，肉眼看到单个菌落即挑选到试管中。一般是选那些菌丝生长粗壮有力，生命力强，产生厚垣孢子较多的菌落。生产用种必须做出菇试验才可使用。

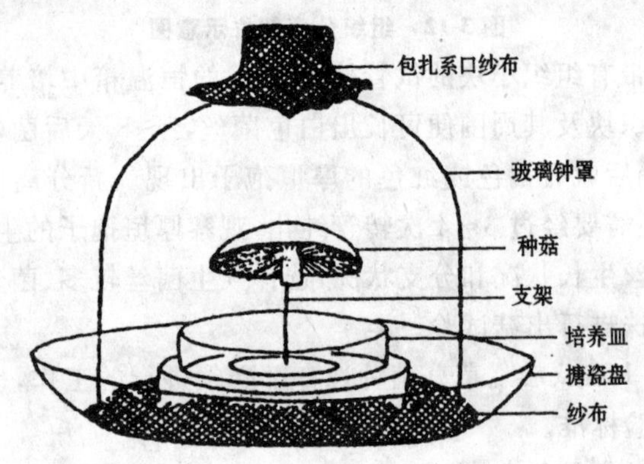

图 3-13　孢子收集器　（仿　李银良等）

采收孢子是一件复杂的工作，使用的每件用具都要经过彻底灭菌。要严格遵循无菌操作程序，同时还要有丰富的经验。如操作不当，不是采不到孢子，就是得不到生命力强的孢子。

二、母种生产常用材料

（一）马 铃 薯

提供食用菌菌丝生长所需的全面营养，选用无变绿、无发芽、无霉烂、无病斑的新鲜马铃薯。

（二）葡萄糖

提供可溶性碳源，使用化学纯制品，必须符合国家相关标准。

（三）琼脂

提供凝固剂的作用，应从医药商店购买，产品符合国家相关产品标准。

（四）水

提供菌丝赖以健康生长发育的水分，通常使用洁净的自来水。

三、母种培养基配方

（一）马铃薯、葡萄糖、琼脂（PDA）培养基

马铃薯 200 克，葡萄糖 20 克，琼脂 20 克，水 1 000 毫升，pH 值自然。

（二）马铃薯、葡萄糖、酵母粉、琼脂（PDYA）培养基

PDYA 培养基就是在 PDA 基础上，每 1 000 毫升再加 2 克酵母粉。

（三）稻草汁培养基

稻草（切碎）200 克，葡萄糖 20 克，硫酸铵 3 克，琼脂 20 克，水 1 000 毫升，pH 值调至 7.5。

（四）米糠煮汁培养基

米糠 50 克，葡萄糖 20 克，磷酸二氢钾 0.3 克，磷酸氢二钾 0.3 克，硫酸镁 0.2 克，琼脂 20 克，水 1 000 毫升。

四、母种培养基制作方法

（一）培养液配制

1. PDA 培养基　马铃薯去皮后称取 200 克，洗净、切成 1

毫米厚的小片或1平方厘米的小块，加适量水煮沸20～30分钟，直至马铃薯发白、变软，用筷子可捅出洞但不碎裂为度，不可煮得太烂，否则培养液浑浊不清。双层纱布过滤取上清液，得马铃薯汁。汤汁加入20克琼脂并加水至1 000毫升再煮至琼脂溶化，加入葡萄糖(制PDYA培养基时同时加入酵母粉)，边加边搅拌，并注意补水至1 000毫升，用5%盐酸或10%氢氧化钠调pH值至7.5左右。

2. 稻草汁培养基　称取200克碎稻草，加水至1 000毫升煮沸后再煮20～30分钟，用4层纱布过滤去渣，再将煮液补足1 000毫升；加入葡萄糖和硫酸铵煮沸后，再加入琼脂，充分搅拌至琼脂完全溶解，pH值调至7.5左右。

3. 米糠煮汁培养基　将米糠加水煮沸后保持30分钟，过滤并加水至1 000毫升，再加入配方(四)中的其他物质，煮沸水至1 000毫升，pH值调至7.5左右。

(二)分装试管

培养基配制完毕应趁热及时分装，否则温度降低，琼脂凝固后还需要再加热溶化。分装前要安装好分装装置，常用玻璃漏斗套接乳胶管和尖嘴玻璃接液管，乳胶管上配止流夹。生产数量较多时也可用医用的灌肠杯代替漏斗。草菇母种所用的试管最好是20毫米×200毫米规格的，分装时左手抓握4～5支试管，右手控制接液管插入试管，逐一注入培养基，装培养基量为试管总容量的1/5～1/4。分装时应注意不要将培养液沾到试管管口，避免发生污染。若有黏液，则应用干净纱布及时擦净。分装的试管培养基凝固后，直接加棉塞封口，棉花应用普通棉花，不能用脱脂棉，棉塞的作用是起到过滤菌丝生长过程中出入试管的气体，在确保新鲜空气进入和废气的排出，又要隔绝外界杂菌侵染，同时还要保证接种操作方便。为此，塞棉塞时要注意做到大小适宜、松紧适度、操作方便，不宜过松或过紧，以封口后手持棉塞轻轻摇动试管不脱落，且旋转拔出顺利为度；棉塞外观要求光滑，不能塞得过浅或过深，否则造成操作困难。

（三）高压蒸汽灭菌

分装好的试管应当及时灭菌，灭菌时将试管扎成捆，一般7只为1把，用橡皮筋扎紧，而后用牛皮纸或其他防潮纸将整捆试管的棉塞包好，直接放入手提式高压蒸汽灭菌锅内的灭菌桶中，装量不宜过多，应留1/5的空间，以利于灭菌时气体的流动。然后将桶放入加有适量水的手提高压蒸汽灭菌锅中，正确封盖。封盖后开始加热，加热至压力为0.05兆帕时，打开放气阀排气，直至排净锅内的空气，压力表指针回0。排气后关闭放气阀，加热升温至压力为0.11～0.12兆帕，此时锅内的温度为121℃以上，保压灭菌30分钟。灭菌30分钟后，自然降压直至压力表指针回0后打开锅盖。开盖时注意先错开一条小缝，让蒸汽冒出带走棉塞上的湿气，起到干燥棉塞的作用。

（四）摆斜面

开盖后趁热取出试管，斜卧放置，使之自然冷却，凝固成斜面，斜面为试管长的1/3～1/2为宜，凝固后的培养基离管口不得小于50毫米，摆斜面后将试管保温，使试管缓慢凝固，减少试管内外温差，以减少管内的冷凝水，冷却后即成斜面培养基。

五、接种与培养

（一）接种

接种是母种生产的一个中心环节，接种技术是母种生产的一个核心技术。接种的每一环节都要求无菌操作，不仅要创造一个无菌的空间，任何一个用具包括操作者的手也都要求消毒至无菌，而且操作动作要迅速、敏捷。母种的接种通常是在接种箱中或超净工作台上进行。具体步骤如下（图 3-14）。

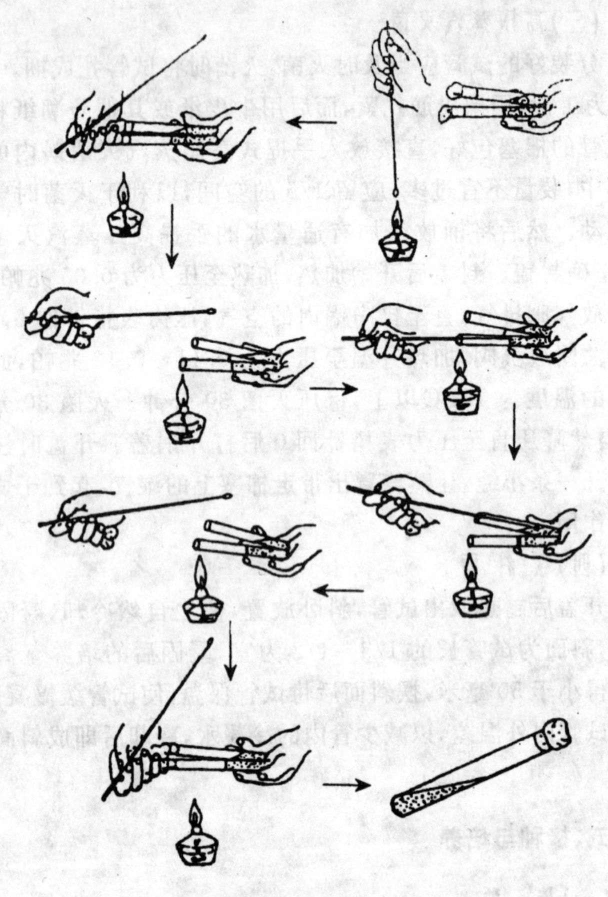

图 3-14　母种接种操作示意图　（仿　敦西典）

第一，将所有用品，包括空白斜面试管培养基、接种钩、接种铲、酒精灯、火柴等接种工具放入接种箱内，按消毒操作规程对接种箱进行消毒灭菌。消毒后打开工作灯，用75％的酒精棉球擦拭双手，伸入接种箱内，再擦接种工具。

第二，接种工作全部在点燃的酒精灯旁进行，接种时左手同时握菌种管和待接种的试管，右手握接种钩。将菌种和斜面培养基的两支试管用大拇指和其他四指握在左手中，使中指位于两试管之间的部分。斜面向上，并使它们位于水平位置上。同时应该先将棉塞用右手拧转松动，以利于接种时拔出。

第三，将接种钩在酒精灯的火焰上面灼烧，凡是在接种时可能进入试管的部分，都应用火烧过。将接种钩靠在试管内壁冷却。

第四，将左手握的试管移至酒精灯一侧，用右手小指、无名指和手掌拔掉棉塞。先在火焰上将试管口微烤一下，并转动试管，将试管口沾染的少量杂菌烧死。

第五，将接种钩接触没有长菌的培养基部分，使其冷却，以免烫死菌体。然后轻轻接触菌种挑取约黄豆粒大小的菌丝体，将接种钩抽出试管，不要使其碰到管壁。迅速转入到新试管中央，将试管口在火焰上稍作烧灼，将棉塞燎烧至微焦塞回到接种好的试管口上。右手将接种钩伸入管内挑持住母种，保持火焰封口状态，左手将接好种的试管放下，重新取一斜面培养基试管，重复上面操作，直至试管接完。

整个过程应迅速准确，一般1支试管母种可转接30支新试管，因此操作比较熟练的工作人员往往不将原菌种管的棉塞塞回，以便于转接工作的进行。这样操作时必须保证该试管口一刻也不离开火焰，否则极有可能带来杂菌污染。此外，操作者在取、换试管时应注意只能接触试管底端，而不要接触试管口以免烫伤。

（二）培　养

接完的母种应及时移入已消毒的培养场所中进行培养，在母种进行培养的前 2 天应对培养室或培养箱进行空间消毒，培养场所的空气相对湿度控制在 75%以下，根据草菇菌丝生长最适温度为 32℃～35℃，将培养场所的温度保持在这个范围内，同时保持培养场所的通风。母种是整个菌种生产中最基础的环节，被污染的母种会将杂菌逐级带入到原种和栽培种以至生产过程中，其后果不堪设想。因此在培养过程中要认真仔细地观察菌丝体的生长状况，发现问题及时处理。接种后 24 小时内将试管自培养箱中取出，逐支检查是否有细菌感染。被细菌污染的试管通常是在接种块附近出现液状的小斑点，发现这种可疑斑点的试管都要挑取出来，废弃不用。而后在培养期间应间隔 2～3 天检查 1 次，检查是否有真菌污染。被真菌（青霉、绿色木霉、曲霉、链孢霉等较为常见）污染的试管，会出现鲜绿、墨绿、各种锈色或粉红色的斑点。此时只要出现白色以外的斑点，就可以认为母种是被污染了，应废弃不用。母种在使用时还需对光认真检查 1 次，有可能发现一些被草菇菌丝所覆盖的杂菌污染。总之，凡是可疑的菌种管都要挑选出来，废弃不用。

第五节　草菇原种与栽培种的制作

原种和栽培种的生产过程基本相同，故在本节一并讲述。

一、常用材料

(一)棉 籽 壳

棉籽壳是棉花生产的下脚料，由于其具有高持水性，颗粒粗，制作的培养基间隙大，容氧量透气性较好，适合于草菇菌丝的生长，是生产草菇原种和栽培种最好的培养料。在生产上多数的草菇菌种选用棉籽壳作为培养基。应选用新鲜、无霉、无虫、无螨、无结块、干燥、有棉籽油特殊香味的棉籽壳。

(二)稻 草

稻草是常用的培养基制作材料。选用干燥、色黄、无霉、无螨、无虫、无病斑的为佳。使用前切成3～5厘米的小段。

(三)麸皮、米糠

麸皮是面粉厂加工面粉时的下脚料，米糠是稻谷加工后的下脚料，营养含量较为丰富。要选择新鲜无霉变、无虫蛀，不板结的麸皮或米糠。

(四)石 灰

除了提供矿物质钙素外，主要是调节培养料的酸碱度，改良培养基的理化性质等作用。

二、培养基配方

草菇原种与栽培种的培养基配方有。①棉籽壳99%，石灰1%，含水量65%左右。②棉籽壳84%～89%，麸皮10%～15%，石灰1%，含水量65%左右。③稻草84%、麸皮15%，石灰1%，含水量65%左右。

三、培养基制作方法

(一)培养料的处理

培养料在使用前要经过适当的处理。一是晒料。晒料的目的主要是为了灭菌、杀虫,也为了更准确称量培养料的重量。二是堆制发酵和浸草。以棉籽壳为培养基的,如果大规模生产菌种,要在室外自然堆制发酵1个月左右。如果是小规模生产的,可不进行堆制发酵,但由于棉籽壳不易吸水,要充分预湿,即拌料前1～2天,将棉籽壳放入1%的石灰水中浸10分钟,捞起后推放一堆,让其自然沥干水分。使用稻草为培养料的,先将稻草切成3～5厘米长后放入3%～4%的石灰水中浸5～8小时,捞起后让其自然沥干水分,堆放一堆堆沤3～5天,让其软化。

(二)拌　料

以棉籽壳为主料的可用机械拌料和手工拌料,而以稻草为主料的一般只能用手工拌料。用机械拌料的方法是:按配方称取一定数量的主料和辅料,放入搅拌机中,先开机进行干混(因为加水后麸皮、米糠、石灰等遇水会结成团,而难以与主料均匀混合)。干混好后加入适量的水,再进行搅拌,一般搅拌10～15分钟即可。用手工拌料的方法是:按配方称取一定数量的主料和辅料,先主料一层辅料一层把培养料堆成一堆,然后进行干混,干混好后,加入适量的水再进行搅拌,通过多次的反复搅拌使培养料混合均匀。在搅拌时要不时检查培养料的水分和酸碱度,如果水分不足,用喷水壶均匀加入,如果酸碱度过低的,要用石灰进行调节。

(三)装瓶和装袋

袋栽草菇的原种和栽培种可以用瓶装,也可用袋装。一般是原种用瓶装,但在生产中以袋装为多。而栽培种应以袋装好,因为采用玻璃瓶生产菌种虽然可以降低污染率,但玻璃瓶在操作过程中易破碎,损失大,成本也高,同时接种时瓶装菌种难以操作,而塑料袋装量多,价格便宜,易于运输,生产与接种操作方便。因此,为了提高生产效率,降低成本,生产上栽培种要采用塑料袋培养。

1. 装瓶　装瓶前必须把空瓶洗刷干净,并倒尽瓶内渍水,然后一边装,一边用压实耙压实,直至瓶肩为止,不可装填过满,一般料面离瓶口的距离不小于 6 厘米,否则不利于通气,反而影响菌丝的生长。装好瓶后,棉籽壳种要用圆锥形木棒在瓶中打一个洞,直到瓶底和临近瓶底为止,以增加瓶内透气,有利菌丝沿洞穴向下蔓延,也利于菌种块的固定。洞眼打好后,马上将瓶身和颈口擦拭干净,否则一旦风干,粘在瓶外壁及瓶口的培养料难以洗净,而在培养时易孳生杂菌,同时也有利于培养过程中检查菌丝生长情况。待瓶口晾干后即塞上棉塞,瓶口潮湿时不可塞上棉塞,否则受潮的棉花高压后会黏到瓶口,给接种造成不必要的麻烦,同时也容易污染杂菌。棉塞要求干燥,松紧和长度合适,脱脂棉不宜使用,因其极易受潮,而长杂菌。取一块大小适宜的棉花做成包子形,总长4~5厘米,2/3 塞在瓶内,1/3 露在口外,内不触料,外不开花,用手提棉塞瓶身不下掉。这样透气好,种块也不会直接接触棉塞受潮而污染。棉塞使用后,暴晒、打松后可再次利用。为了防潮、防尘、防杂菌,原种生产时要用 10 厘米×10 厘米的防潮纸或牛皮纸包扎瓶口,以防灭菌时棉塞被冷凝水浸湿,从而减少杂菌侵染的机会。

2. 装　袋

(1)塑料袋选择　根据《食用菌菌种生产技术规程》(NY/

T 528-2002)的规定，原种只能用15厘米×28厘米的耐126℃高温符合GB 9688卫生规定的聚丙烯塑料袋，栽培种可使用≤17厘米×35厘米的耐126℃高温符合GB 9688卫生规定的聚丙烯塑料袋。

(2)装料　装袋的基本要求同装瓶一样，生产数量大时可用装袋机装袋，要求装得紧实，且上下一致。塑料袋比较容易磨破，装料时要格外小心，要求地面光滑、操作技能娴熟。装料高度达12～15厘米时将料面用手压平。

(3)清洁袋口　装料结束后，待粘在袋口的培养基碎粒干后，用手轻轻甩打袋口，使粘在袋口上的培养料脱落，确保塑料袋口洁净透明，一则防止杂菌污染，二则便于将来查种检杂。

(4)套套圈　清洁袋口后，套上内直径3.5～4厘米、高度3～3.5厘米的套圈，套圈要求质地厚实，有韧性，不易老化，坚固耐用。

(5)塞棉塞　棉塞的质地要求及制作方法与上面的瓶装菌种相同。在生产上也可使用带有过滤杂菌海绵的专用塑料袋菌种盖，这种盖子与套圈是配套的，使用这种套圈的好处是操作方便，但成本略高于使用棉塞。

四、灭　菌

所谓灭菌，是指采用物理或化学等方法，杀死培养基上一切微生物，包括其细菌芽孢、真菌孢子，使培养处于无菌状态，是一种彻底杀菌。灭菌的方法有多种多样，在草菇菌种生产上采用热力灭菌中的湿热灭菌方法，即利用高温蒸汽来杀灭培养基中的微生物。其原理是微生物细胞的蛋白质和原生质体由于受热变性凝固而丧失生命活力。绝大部分微生物都不耐高温，一般在50℃时只要几分钟就会被杀死，即使是高温型的微生物也难以抵御75℃的高温，但是处于休眠状态的微生物细胞，尤其芽孢杆菌和梭菌的芽孢耐热性很强，甚至在100℃的沸水中煮几分钟以至几小时还能够存活。为了彻底消灭所有的微生物就要提高灭菌的温度或延长灭菌的时间。但如何做到既经济又有效，是生产过程中应该考虑的问题。生产原种和栽培种的灭菌方法如下。

(一)高压蒸汽灭菌

高压蒸汽灭菌是目前使用最广泛的灭菌方法，原种必须经过高压蒸汽灭菌。高压蒸汽灭菌在高压蒸汽灭菌锅中进行，原种和栽培种常用的高压蒸汽灭菌锅有灭菌容量较大的卧式高压蒸汽灭菌锅或立式高压蒸汽灭菌锅。高压蒸汽灭菌可以在较短的时间内杀灭包括细菌的芽孢、真菌的孢子和休眠体在内的一切微生物。杀灭的效果随着温度(压力)的升高和时间的延长而提高，在实际操作中一般把温度控制在127℃或0.15兆帕压力以下，保持2小时。草菇的原种和生产种通常以棉籽壳、蔗渣、稻草等物质为培养料，这类培养料本身含菌量较大，装载密度也较大，影响了蒸汽的渗透和热力交换，必须在这个蒸汽压力下保持2.5小时，否则将会造成灭菌不彻底。

进行高压蒸汽灭菌必须注意的事项。

第一，加热至压力表为0.05兆帕时要打开排气阀，排尽压力锅内的冷空气，让压力降至0后关闭排气阀。这样做的目的是为了彻底排除锅内的冷空气，避免出现“假压”现象，影响灭菌的质量。

第二，灭菌锅内的物品不应排列过于紧密，要留出一定空隙使蒸汽能够流通，避免部分培养料受热不均匀或有“死角”而造成灭菌不彻底。

第三，灭菌结束后应缓慢排气。尤其是压力在0.05兆帕以上时排气量不可过大，以免由于内外压力差过大造成棉塞被冲脱或击穿塑料袋，影响灭菌质量。当压力降至0以后，将门盖打开一小缝让锅内剩余的蒸汽完全排出，再将门盖完全打开，略为冷却后再取出被灭菌的袋(瓶)。

第四，为防止灭菌过程中冷凝水弄湿棉塞，除应注意在装锅时不要让棉塞接触锅壁外，还需在袋(瓶)口加盖防水纸。此外，在灭菌结束后稍微开启门盖并使物料在锅内停留一段时间后再取出，这样即使棉塞被弄湿了也能利用锅内的余热将其烤干。

(二)常压蒸汽灭菌

是指以常压蒸汽进行灭菌的方法。在菌种生产上一般不提倡使用，一是由于保温时间长，耗能大；二是由于时间长，水蒸气容易从棉塞进入培养基，造成培养基含水量过大，不利于菌丝生长；三是由于长时间的灭菌，一般情况下所有的棉塞都湿掉，不仅增加了操作难度，还增加了污染几率。因此《食用菌菌种生产技术规程》(NY/T 528-2002)规定，原种生产一定要使用高压蒸汽灭菌，只有生产种可以使用常压蒸汽灭菌。常压蒸汽灭菌是在常压蒸汽灭菌灶上进行。常压蒸汽灭菌灶的种类较多，详见第四章第四节相关内容。为了达到较好的灭菌效果，一般在温度达到100℃后需要保持12～16个小时。需要注意的是，进行常压蒸汽灭菌时，灭菌物品不能排放过密，袋(瓶)与袋(瓶)之间，行与行之间必须留出一定的空隙让蒸汽能够流通，否则可能会造成灭菌不彻底或部分不彻底。

五、接　种

(一)原种接种法

原种的种源只能用母种进行扩繁,1 支母种扩接原种不得超过 6 袋(瓶)。原种要求很高的无菌条件,接种要在接种箱中进行。将灭菌后冷却好的原种袋(瓶)以及接种工具、母种放入接种箱内,进行接种箱消毒,接种箱的消毒与母种接种时的要求相同。按无菌操作的要求,在接种箱内先对母种试管口进行消毒处理,将接种针火焰灭菌、冷却,放入试管中,左手持原种瓶横放,用右手小指与手掌一起用力抓住棉塞,左手将原种瓶反时针旋转后退,拔出棉塞,火焰封口,用接种钩挑取约占试管斜面 1/6 的菌种块,放入原种瓶中,棉塞过火后塞上。接完原种后,取出已接好的原种,贴上标签,同时将菌种块轻摇到培养料的中央。塑料袋原种在接种时,要用接种针将种块轻轻拨到旁边,不能正对棉塞,否则菌块与棉塞接触,造成失水而不会走菌或污染。

由于试管斜面上部培养基较薄,而且通常接种时都将接种体放在这一位置上,因此这一部位的菌丝体菌龄较长,菌丝易老化自溶,生命力较弱,所以在接种时都将这部分弃去不用,被刮去的部分长度约 0.5～1 厘米。

(二)生产种接种法

栽培种的种源必须是原种,禁止使用栽培种扩繁栽培种。1 瓶原种最多只能扩繁 50 袋的栽培种。接种同样要求无菌操作,一般要求在接种箱内进行。接种所使用的工具、方法与母种、原种的接种有所不同。将待接种的栽培袋横放入接种箱左边,选择优质的原种置于接种架上,同时将长度为 20 厘米左右的镊子、浸有 75%酒精的棉花团、酒精灯等一起放入接种箱内，进行消毒，消毒方法与母种方法相同。按无菌操作的要求，先将原种瓶的瓶口消毒，将原种表面培养基扒掉，弃去顶部1～2厘米的老菌种。左手持菌种袋，右手小指与手掌一起用力夹住棉塞旋转取下棉塞，靠近原种瓶口，用已经灭菌的镊子夹取菌种迅速接种于生产种袋中，棉塞过火塞回袋口，顺时针旋紧棉塞。放在接种箱右边。周而复始直至接种结束。接种完毕后，取出菌种，贴上标签，排入培养室。

在进行草菇的原种和栽培种接种时，由于菌丝从接种点向周围呈球状扩展，因而还可以采用一种两点接种法。这样可以使菌丝提早1/3的时间长满全袋(瓶)，节省了时间，同时使菌种的菌龄较为一致，活力也强。具体方法是，在装袋(瓶)后，用特制的打孔器(木棒)在培养基中央打孔，灭菌操作按常规进行。接种时，在培养基接种穴下部和上部各接种一块即可。

六、培　养

接好种的原种和生产种要及时移入已消毒好的培养室内进行培养。培养室要控制好温度、湿度、光度、氧气、空气等诸因素，这些环境因素中主要是要控制好培养室内的温度，并做好培养室的通风、干燥和洁净工作。

草菇菌丝的最适生长温度是35℃～36℃，在这样的条件下一般一个13厘米×28厘米的塑料袋(装棉籽壳干料150克左右)1周可长满全袋。在实际生产中，以控制环境温度保持在30℃～33℃为宜，因为袋内的温度比环境温度要稍高些。在环境温度达到35℃～36℃时，虽然菌丝生长较快，但营养积累不够，菌丝纤弱、生命力较差。为了达到这种培养温度条件，夏季生产就要注意做好降温工作，培养室内要有适当的通风道和通风装置，加强通风，上架时袋与袋之间也要留有小的间隙，有利于菌袋散热。冬季生产要做好保温，用各种办法使培养室保持适宜的温度范围，并注意做好通风，防止菌丝缺氧。

在培养过程中要做好查种工作。草菇的原种和生产种一般要经过3次认真的检查，第一次是接种后4～5天，接种块菌丝恢复并开始生长时进行检查。此时由于草菇菌种的培养温度较高，如由于接种操作而造成污染的杂菌症状已开始出现，如果此时不及时检查，有的杂菌会被草菇菌丝覆盖，造成草菇菌丝与杂菌混合生长的局面。如果使用这种菌种就会使栽培种的生产或草菇的栽培生产失败。第二次是在袋(瓶)内草菇菌种的菌丝生长到袋(瓶)的2/3时，进行检查。虽然这时袋(瓶)内的杂菌的孢子已产生，如果被污染多数的杂菌已呈现出红、黄、绿、青等症状，要特别注意菌丝与草菇菌丝相似的杂菌如毛霉等的检出。对于塑料袋菌种这次检查要仔细观察每一个袋子的底部是否因破袋而引起污染，如果菌丝走透，袋底污染的菌种就很难被检查出。第三是在菌种出售时，要对菌种进行最后1次全面的检查。

第六节　菌种质量的鉴定

一、优质草菇菌种的培养特征

(一)草菇母种的培养特征

菌丝生长初期是无色透明、有光泽、多分支的丝状体，到后期呈银灰色，还会产生初为米黄色，后期变红褐色的厚垣孢子。生活旺盛的草菇菌丝，气生菌丝匍匐生长，分支多而整齐，有丝状光泽。菌龄5～10天较好。

(二)优质原种和栽培种的培养特征

菌丝布满全袋(瓶)培养基,生长整齐粗壮,有厚垣孢子,菌龄一般 15～20 天较好。

在原种和栽培种培养过程中,如出现如下情况则均视为劣质种,应淘汰。

第一,菌丝衰弱稀少。

第二,菌丝不往下伸长,拔出棉塞有臭味或氨味。

第三,袋(瓶)内出现螨类,棉塞有杂菌污染。

第四,袋(瓶)内菌丝萎缩,出现水渍状。

二、菌种质量检验方法

菌种生产是食用菌栽培过程中的重要一环,没有优良的菌种就不可能有草菇栽培的优质高产。因此,菌种在扩大培养或实际使用时,必须做好菌种质量检验工作。菌种质量鉴定主要是从种性、活力和纯度 3 个方面入手,而种性主要从出菇快慢、成菇的质量和产量;活力从菌种的长势、菌龄、色泽和均匀度;纯度从杂菌的污染情况等方面进行考察。

(一)种 性

草菇的种性,是指草菇对温度、湿度、酸碱度、光线、氧气等环境条件的要求,抗逆性、丰产性、出菇迟早、出菇潮数、栽培周期、商品质量及栽培习性等。种性的鉴定需要进行出菇试验。接种后观察菌丝生长、出菇的情况,如小菇体或扭结出现的时间、子实体的商品性状;记录第一批收菇时间、产量和质量;第一批与第二批菇相隔时间,第一批菇占总产量的比例等。这些参数都是评价菌种质量的重要指标。

1. **出菇快慢** 一般说来,接种后如果菌丝分解培养料能力强,培养前后培养料失重大,出菇快而多,总产高,即是好菌种,否则为劣质菌种。

2. 菇峰间隔　在一个生产周期中,子实体发生可分为几个批次或几个潮次,产菇最多时称菇峰,最低时称菇谷,每个菇峰和菇谷构成1潮菇。凡菇潮多,间隔时间短,转潮快的是好的菌种;反之,菇潮间隔时间长,或不明显,零星出菇,产量低的即为劣质菌种。

3. 经济指标　菌种的经济指标是指菌种的经济性状,即是否符合市场的需求,从而取得高的经济效益。如菇体的色、香、味、形,品质,上市时间,保质期等。

(二)活　力

活力是指菌种的生命力,是接入培养基后的萌发速度、吃料情况。

1. 外观观察　要求菌丝体生长健壮、均匀;菌丝体从菌种块发出,渐向袋(瓶)底伸展,直至长满整袋(瓶);菌丝体颜色正常,有光感;打开菌种袋(瓶)时应闻到草菇特有的香味;有些菌种袋(瓶)中会出现小菇体或扭结,这是正常现象。

如果菌丝白色,透明,厚垣孢子没有或很少,说明这是幼龄菌种,要放置1周后才可使用,这种菌种生活力旺盛,有利于高产。如果菌丝转黄白色至透明,厚垣孢子较多,就是中龄菌种,最适合栽培,应抓紧使用。如果菌丝逐渐稀少,但有大量厚垣孢子充满培养料中,或菌丝黄白色,浓密如菌被,而上层菌丝开始萎缩这就是老龄菌种,生活力较差,一般不能接种栽培。

如果袋(瓶)底或壁部菌丝长势弱,或菌丝体生长不到袋(瓶)底部,可能是水分过多或制种时拌料不均匀所致;菌丝体收缩,离袋(瓶)壁,菌丝体颜色加深,有时看到“菌珠”或底部出现褐色黏状物,应是菌种老化;菌丝体不能向袋(瓶)底方向伸展、培养料松散，应是水分不足造成。这些菌种不能使用。

2. 活力检验　将菌种接在适宜的培养基上，若菌丝能很快恢复、定植和蔓延生长，成活率很高，是好的菌种；反之，接种后恢复缓慢，成活率不高是质量差的菌种。

（三）纯　度

纯度是草菇菌种纯净度，要求不能混有细菌、真菌、螨虫等其他生物。主要是通过外观观察和实验。

1. 外观观察　要求菌丝体生长均匀，菌丝体颜色正常，有光感，没有杂菌污染，棉塞干爽无异物。

若位于袋（瓶）颈部的菌丝体特别旺盛，呈棉絮状，颜色不正常，这可能是鬼伞或根霉菌污染；袋（瓶）底或其他部位有黄、绿色斑点，可能是青霉、曲霉污染；如果原菌种块已萌发，但伸展不开，且有异味，挑开培养料，面层有黏胶状感觉，多是细菌感染；如菌丝稀疏，透明，纤细如蛛丝，一般是培养基消毒不彻底造成的；如菌丝逐渐消失，瓶壁有粉状物，是螨类污染所致。发现这些情况，应将培养的菌种袋及时移出培养室，集中处理，而不能再作为菌种使用。

2. 杂菌检验　有时候杂菌污染是肉眼观察不到的。因此，需要进行杂菌检验。①PDA 培养基培养试验，32℃、培养 24 小时，平板画线分离，看有无杂菌生长。②棉籽壳培养试验，25℃、培养 24～28 小时，检查有无真菌生长。

三、选购菌种应注意的事项

在选购菌种时应该注意以下几点：一是用手抓住棉塞将菌种直接提起来，观察棉塞的松紧度。过松或过紧都达不到过滤空气的目的，而无法保证菌种的质量。二是从一批菌种中随机抽取一些样品，拔掉塞子闻一闻气味。如果闻到发酸、发臭等异味，表明菌种已经污染。正常菌种应该有草菇特有的香气。三是培养基湿润，不干缩脱壁。四是观察菌丝的生长状况，先看菌龄的老幼，后看是否被污染（具体参见前面菌种质量检查部分）。

第七节　草菇菌种的保藏

菌种保藏的主要目的就是为了保持原菌株的优良性状。其方法是根据菌种的遗传性能和生理生化特性，人为地创造环境条件，通过降低菌种的代谢活力，使其处于休眠状态，减缓衰亡速度，在保持菌种原有优良性状的基础上达到优良菌株的稳定保存。同时，在恢复适宜的生长条件时，能在很短时间内恢复生机，迅速生长繁殖。草菇是一种比较容易退化的食用菌，一般经过冬季保存的菌种，在使用前要进行 1 次出菇试验，而后进行组织分离并搞好稳定复壮工作，以保证大面积栽培能获得高产和稳产。下面介绍几种目前草菇菌种保存的常用方法。

一、试管斜面常温保藏法

试管斜面草菇菌种在 8℃以下保存 5 周便失去活力，8℃时保存 1 周，转管之后仍需 28 天的培养才开始复苏，所以 8℃是草菇生命活动的临界温度。因此，草菇菌种保藏不能像其他许多食用菌菌种保藏时置于冰箱中，而是在 15℃～20℃的环境条件下才合适。

草菇菌种试管斜面常温保藏一般是选择气生菌丝多、菌丝直而粗壮的菌株，接种于试管斜面上，于 30℃～33℃中培养，待菌丝长满试管斜面之后取出。用防潮纸，最好是比较厚的牛皮纸将菌种管管口一端包裹起来，再用橡皮圈束紧后置于15℃条件下保存。牛皮纸包扎的作用一方面是防止棉塞吸潮而引起杂菌感染，另一方面可以阻止试管中水分过分、过快蒸发，为此尽量选用。

保存期内一般转管只能几次，以尽量减少菌种衰退、变异的机会，同时也能尽量减少污染和失误（如用错标签）的可能；培养物要有重复，这是防止菌种丧失的有效的措施；定期观察菌种的特性，注意生长情况的变化。

二、小型菌种瓶常温保藏法

除使用试管进行草菇菌种的常温保藏外，还可以使用一种小型菌种瓶进行草菇菌种的短期保藏。这种瓶颈口较小。其优点是个体小而扁，便于在空间有限的冰箱和冷藏室内排放；同时还能节约培养基（每瓶仅8～10毫升）；此外，这种瓶接种时可以侧向倒放而不会滚落，瓶口也不会碰到台面，使用方便。

用小型菌种瓶进行菌种保藏，其操作程序与试管常温保藏的操作程序基本相同。①用注射器在小型菌种瓶中加入配制好的培养基8～10毫升，加盖，要盖得稍松一些。②灭菌。③从灭菌锅取出摆成适当大小的斜面。培养基凝固后将盖拧紧，以防培养基脱水变干。④接种。使用接种环或接种针在琼脂斜面上画线培养或做穿刺培养。

三、液状石蜡保藏法

液状石蜡（又称矿物油）是一种导泻剂，医药商店一般都出售。液状石蜡保藏法也称为油浸法，由于方法比较简单而保藏期比常温试管斜面保藏长得多，所以广泛应用于微生物菌种的保藏。应用这种方法保藏草菇菌种 1 年,其主要生产性状如产量、菇形及菇体大小等都能基本保持原来的水平。

液状石蜡保藏草菇菌种的做法是:①培养保藏试管。将需保藏的菌株,按照试管斜面常温保藏的方法培养至长满试管。②液状石蜡的处理。选取不霉变、不含水分的化学纯液状石蜡分装于三角烧瓶(装量占瓶体约 1/3),塞好棉塞后以 0.1 兆帕、30 分钟灭菌处理。灭菌后的石蜡趁热移入 40℃的温箱中,让其中的水分蒸发干净,直至液状石蜡呈完全透明为止。③灌注液状石蜡。将灭菌备用的液状石蜡移入无菌室(箱),按无菌操作将石蜡注入试管中,直至浸没斜面并比培养基高出 1 厘米左右为止。由于液状石蜡是易燃品,操作时要特别小心。④封口及保藏。已灌入液状石蜡的试管,再用蜡封闭管口或换用灭菌胶塞,用牛皮纸或塑料薄膜包扎好,直立于试管架上,置通风、干燥的室内常温保存。保存期为 1～2 年。在保存期间应经常检查,务使培养基不要露于空气中。如发现液状石蜡变浅、培养基露于液状石蜡之外时,应及时补充液状石蜡。

取用石蜡液中的菌种时,可以不必倒去石蜡,只要用小接种铲从斜面上铲取一小块菌丝体即可,但应尽量少粘或不粘矿物油。以免在火焰灭菌操作时,引起爆炸飞溅。刚从石蜡中分出来的菌种由于多少粘有矿物油,生命力也较差,需要转代 2～4 次并检查出菇正常后方可投入使用。

如果想取得比常温试管斜面保藏法更好的保藏效果,而又不像液状石蜡保藏法操作那样繁琐,可不必在试管中灌注液状石蜡,只是用石蜡封口,用塑料薄膜包裹后置室温保存。使用时按常规方法转管复壮 2 次,选取气生菌丝多、菌丝较白、挺直、粗壮的投入生产。

第四章　草菇袋栽高产技术

第一节　栽培季节与栽培品种

一、栽培季节

草菇属高温和稳温结实性菌类，在自然环境下，一般是在大气气温稳定在23℃以上，日夜温差变化较小时才能栽培。我国幅员辽阔，同一季节全国各地的温度相差极大，栽培时间难以统一。因此利用自然气候进行栽培的，各地可根据当地的气候条件确定具体的栽培时间，一般海南、广东等地为4～10月份；福建、江西、广西、湖南等地为5～9月份；山东、河南、河北等地为6～8月份。当然每个省、自治区不同地区的栽培时间也因气候的不同也大不相同，如年平均温度只有14.9℃福建省屏南县栽培时间为5月中旬至8月下旬，而在福建省沿海的龙海市栽培时间比屏南长2个多月。若利用设施栽培，可进行周年生产。

二、栽培品种

目前，生产上广泛用于人工栽培的草菇主要是黑色草菇品系和白色草菇品系，又称黑菇品系和白菇品系。它们的主要特征是，黑菇品系的草菇子实体包皮为鼠灰色，呈卵圆形，不易开伞，基部较小，子实体多单生，容易采摘，货架期相对较长，对温差变化特别敏感，抗逆性较差；白菇品系子实体包皮灰白色或白色(当然这是相对的,因为菇体的颜色随着生长的环境的不同而不同,因此不是区别不同品系的关键因素),菇体的基部较大,蛋形期呈圆锥形,包皮薄,易开伞,出菇快,产量高,抗逆性较强,子实体多丛生,采摘不容易。

目前生产上使用的草菇菌株较多,由于多年来菌种管理混乱,菌株的编号没有统一的规定和规则,甚至于可以自己随便写上一个编号,因此草菇菌株存在同种异名和异种同名的现象,所以不同地区采用袋栽技术选用草菇品种时一定要进行品种试验,而后才能进行大面积的推广。袋栽草菇在品种选择上不同培养基要采用不同的品种,如目前在福建省屏南县推广的袋栽草菇中以稻草为主要原料的,品种以屏优 1 号为主。屏优 1 号(图 4-1):由屏南县科技实验站选育,属白菇品系,最适合以稻草为培养基,菌丝灰白色,浓密,粗壮。其特点是:子实体较大,群生,产量高,抗逆性较强。而以棉籽壳为主要培养基的,以 V_{23} 为佳。V_{23}(图 4-2)属黑菇品系,由广东省微生物研究所选育,特点是子实体较大,包被厚而韧,不易开伞,圆菇率高,产量较高,缺点是抗逆性较差。

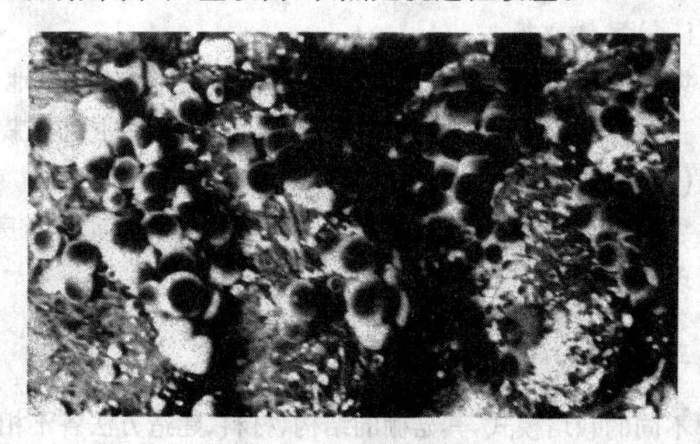

图 4-1 屏优 1 号子实体

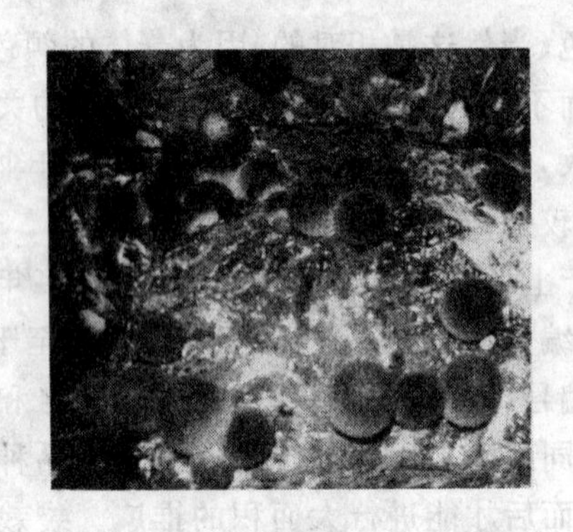

图 4-2　V_{23}子实体

第二节　栽培场地与建造

一、栽培场地

袋栽草菇的场地有两种，室外和室内，相对应的栽培称为室外栽培和室内栽培。

（一）室外栽培

袋栽草菇的室外栽培主要是在房前屋后的空地、耕地上搭建荫棚，或直接在竹林下、果树林下、树阴下、瓜棚下进行栽培。

（二）室内栽培

袋栽草菇的室内栽培是指搭建专用的草菇栽培菇房，或利用现有的住房进行栽培。

二、菇棚的建造

不同的栽培模式，其菇棚的结构、材料、建造方法各不相同。

(一)室外栽培的菇棚建造

选择交通方便,管理方便,靠近洁净水源,地势平坦,通风,无明显腐殖杂菌和蚊虫的地方来搭建菇棚。这种菇棚分外棚和内棚,外棚为遮阳棚,内棚为塑料棚。

遮阳棚是防止菌袋温度过高和水分蒸发,因此,在菇床的上方建造遮阳棚。菇棚高度以 2.5 米为宜,长、宽根据地形和生产数量而定,一般以每平方米按放置 30 袋进行计算面积。遮阳棚的搭建材料可以就地取材,菇棚的骨架可有毛竹、松木、杉木、杂木,搭建时支柱要打牢固,防止风吹雨打,造成倒塌。棚顶遮盖物可选用芦苇、茅草、芒萁草、松树枝、杉树枝等,四周要围篱笆、挂草帘,防止禽、畜进入,防止太阳直射,草帘的材料可用稻草、芦苇、茅草、芒萁草等,有条件的四周及顶棚遮阳物可用遮阳网来进行遮荫,遮阳棚要达到"一分阳,九分阴"的效果。遮阳棚外观见图 4-3。

1

2

图 4-3 室外遮阳棚

1. 用芒萁草等搭盖的遮阳棚 2. 遮阳网遮阳棚

内棚有两种搭法,一是用弓竹,每 1.5 米拱成宽 4 米、长不定,上用 7 米塑料薄膜罩成的塑料大棚(图 4-4),而后在宽 4 米的棚内做成畦高 20 厘米,畦宽 60 厘米,沟宽 55 厘米的 3 条菇畦,同时在每个菇畦上每隔 1.5 米用弓竹做成拱膜架,菇袋进入后上盖宽为1～1.2米的地膜或塑料薄膜。这种内棚的优点是：由于有双层的塑料薄膜，所以有较好的保温性能，同时每个畦上都有塑料薄膜，保湿性能也较好。二是与畦栽香菇相似的做法，与上一种建法不同的是，没有大的塑料棚，只保留了每个畦上的小塑料棚。

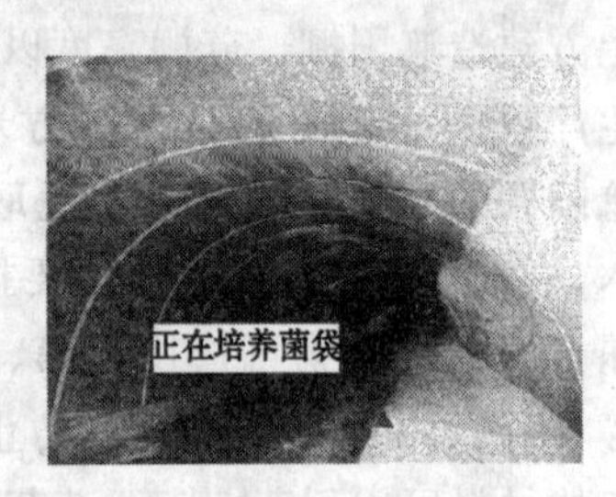

图 4-4　塑料大棚

在竹林下、果树林下、树阴下、瓜棚下进行栽培的，就不要搭盖遮阳棚。塑料棚的搭法与上面相同。

（二）室内栽培的菇棚建造

草菇室内栽培除了在专用的菇房栽培外，还可利用闲置的农舍等改建而成的菇房中进行。改建的菇房可以搭架，也可在地面进行栽培。无论是何种菇房都要求菇房能保温、保湿，通风换气方便，菇房内有散射光。

目前生产上常用的草菇的专用菇房有2种。一是以杉木为框架，竹、薄膜、保温泡沫板为材料搭建的木框结构泡沫保温房；一种是先建砖瓦房，在房内再搭栽培床架。

1. 木框结构泡沫保温房的建造　菇房长6米、宽4.4米、边高2米、中间高2.5米，房顶为金字塔形，中间高两边低，菇房不宜太大，否则难以升温、保温。内设上中下3层床架式，底层距地面20厘米，层距60厘米。分左中右共3排，左、右架宽各为70厘米，中间架宽为140厘米。床架的框架用杉木方条搭建，杉木方条的规格为4厘米×6厘米。每个层架用毛竹片铺上，竹片宽为2～3厘米，长度根据床架的宽度而定，竹片与竹片之间距离为4～5厘米。床架的中间留两条80厘米宽工作行人道，工作道的地下铺设宽20厘米，高12厘米的加温烟道，进门一侧地下建一炉灶，另一侧建一烟囱，用于加温使用。加温烟道及灶面均需密封，以防二氧化碳逸入菇房而影响子实体生长。菇房地面要铺上水泥。菇房先建菇床架，建好床架后在外框架四周及房顶先覆盖一层聚丙烯塑料膜，盖好薄膜后再用4～5厘米厚的泡沫板嵌贴，板与板之间的接口处用发泡剂粘接，或塑料胶布封口，同时接口处用杉木片压实，钉牢。要求密封紧实，菇房两侧的门、窗也要用泡沫板嵌贴。门的规格：高×宽为1.7米×0.65米，在门上安1个通气窗，窗的规格：高×宽为0.4米×0.5米，室内安装小排气扇2部，用于通风换气。每间菇房可栽培1 200袋。菇房的房顶通常还要加盖野草和黑纱网，有条件最好盖石棉瓦。菇房的外观及内部结构见图4-5。

2. 保温房加温烟道的建造　烟道建在每一个过道中，选择一端建炉膛，另一端建烟囱。炉膛可建在房内也可建在菇房外，炉膛的大小取决于所用的加温燃料，一般用木材及食用菌废料（如银耳、香菇的废菌筒）的，炉膛口为26～28厘米，炉膛的规格为长×宽×高＝60厘米×50厘米×30厘米，高度不包括进气口。而使用农作物秸秆、芒萁等草类为燃料的则要更大些，而使用煤为燃料的又要有所不同。炉膛上部用水泥板盖严，炉膛的炉底要有炉栅，炉栅下是进气口。在过道上建排烟、散热的管道，管道1/3在地表下，2/3在地表上，管道

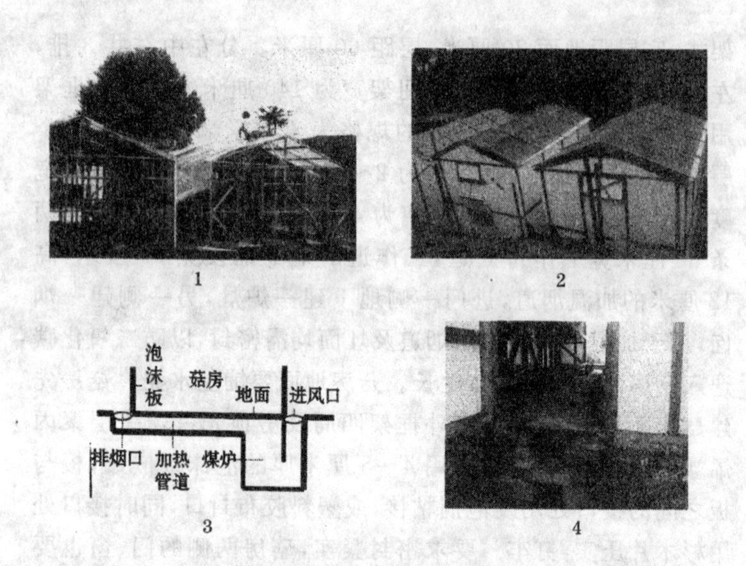

图 4-5　泡沫保温棚

1. 正在搭建的泡沫菇棚　2. 泡沫菇棚外观

3. 地下烟气加热管道示意图　4.“地火垄”加热管道

可用专用的烧制的内径为 15～20 厘米的瓷管，也可用普通的砖砌成内径为宽×高＝18～20 厘米×15～20 厘米的烟道。为便于排烟，烟道内要有一定的斜度。排烟道直通菇房外，房外再接 2～3 米高的烟囱。烟囱可用白铁皮做成，也可用砖砌成。只有 1 个过道的，要单独做 1 个烟囱，而有 2～3 个过道的，烟囱在菇房外汇合，合建 1 个烟囱，这样可减少占地、降低菇房的造价。

炉膛在菇房内的，由于炉膛在使用时温度较高，使用时要注意，一是在上面不能放置任何物品，二是防止人的手脚烫伤。

3. *砖瓦房的建造*　栽培草菇的专用砖瓦房与专用泡沫房相比，室内环境条件更加稳定，但造价是泡沫房的 2 倍以上。砖瓦房在搭建方法上与泡沫房相比，菇房的大小、菇床架的搭建材料与方法、地点的选择基本相同。所不同的是砖瓦房是先做好房子的地基，而后再用砖砌好房子，烟道在做地基的同时做好，烟囱沿着砖墙直通顶部。顶部用木头做横梁与椽子，上盖瓦片或石棉瓦，顶部也可用钢材做支架，上盖石棉瓦或彩钢板等材料。所建的栽培房顶部高3.5米，边高2.8米。房子建好后，在屋顶封3厘米厚的泡沫板，在泡沫板上再封塑料薄膜。最后再做床架，床架比泡沫房多做1层，以增加菇房的利用率。

4. *原有房屋的改造* 原有房屋的改造方法，随着房子结构的不同、所要求的出菇条件的不同以及出菇气候的不同，而各不相同。但不论是何种方式方法，改造时要遵循以下几个原则：一是洁净。即要将房屋清理干净，旧房还要做好杀菌、杀虫、杀螨等工作，特别是杀螨，要在生产的前2周在场地及四周用杀螨剂进行喷洒防治；二是保湿。草菇的生产湿度是关键因素之一，生产场地的四周搭塑料薄膜；三是保温。周年栽培的在菇房的四周封贴泡沫板，以保持菇房的温度。采用畦式栽培的不用搭建床架，而层架栽培的就要根据不同房子，搭建不同的床架。

三、栽培场地的消毒

栽培场地在使用前要严格消毒，特别是老的栽培场地更要注意做好消毒工作，否则易污染杂菌和孳生虫害，而导致栽培失败。消毒的方法、药剂较多，生产上要根据不同条件来选择。

(一)消毒药剂及使用方法

1. *硫黄* 硫黄是菇房消毒最好的药剂之一，它不仅可以杀菌，还可杀虫和杀螨，由于是采取熏蒸方法，它不仅在菇床架表面起作用，还可渗入到缝隙中起作用，因此，在菇房的消毒上能起到很好的效果。一般每立方米空间约使用15克。使用时先将菇房密封好，然后点燃硫黄熏蒸。使用时要注意以下几点：一是由于硫黄在高湿的条件下能发挥最大的消毒作用，因此，在熏蒸前要用喷雾等方法将菇房的湿度提高至85%以上；二是硫黄的雾状颗粒比空气重，比较容易降到地面，因此，熏蒸时要将放置硫黄的容器放在高处，使硫黄均匀分布于空间的每个地方，以提高熏蒸的效果；三是硫黄气体是有毒的，要防止人、畜中毒；四是由于硫黄，与水反应会形成硫酸，因此消毒后的菇房有水的地方要防止人的手、脚烧伤和衣服、袜子等被腐蚀。

2. *甲醛和高锰酸钾* 甲醛有强烈的刺激气味，有强烈的杀菌作用，可杀灭各种类型的微生物，其杀菌机制为凝固蛋白质，还原氨基酸，属广谱杀菌剂。福尔马林是37%～40%的甲醛溶液，性稳定，耐贮藏。使用时先将菇房密封好，每立方米空间用甲醛溶液10毫升，高锰酸钾4克熏蒸消毒。甲醛的杀菌能力强，但杀虫能力弱。甲醛气体对人的眼睛、呼吸道、皮肤等有强烈的刺激性和毒性，消毒处理时操作人员要注意防护。

3. *漂白粉* 为有氯气气味的白色粉末，主要成分为次氯酸钙，在水中分解成次氯酸，具有较强的杀菌作用，消毒效果较好。常以1%～2%的水溶液洗刷菇房床架和菇房壁，或喷洒空间进行消毒。此溶液杀菌效力持续时间短，要随配随用，否则降低使用效果。漂白粉有腐蚀作用，操作时要注意人身安全。

4. *石灰* 有生石灰和熟石灰2种，生石灰主要成分为氧化钙，白色固体，与水反应则变成熟石灰。石灰具有强碱性，消毒时就是利用了这个特点，进行杀菌。菇房消毒时可以撒粉，也可用2%～3%的水溶液喷洒菇房空间、床架，以及周边环境。

此外，在菇房消毒时，根据不同情况，还要喷洒些杀虫、杀螨剂。常用杀虫剂有：敌敌畏、乐果等；常用杀螨剂有：天王星、克螨特、阿维菌素、吡虫啉、灭扫利等。

（二）室内栽培场地的消毒

栽培前认真打扫菇房室内外的卫生，打开菇房门窗通风换气2天以上，然后用上述的消毒剂熏蒸、喷洒。有虫害和螨害的菇房还要喷杀虫、杀螨剂。

（三）室外栽培场地的消毒

栽培前首先搞好周围环境卫生，有条件的将菇畦用塑料薄膜罩密，而后用上述的消毒剂进行熏蒸消毒，无法采取熏蒸消毒的场地可在栽培场地上撒石灰粉或喷洒消毒剂，同时喷洒杀虫、杀螨剂。

第三节　常用的栽培原料与配方

一、主要栽培原料

草菇原产于热带和亚热带地区，是一种以草类纤维为主要营养的腐生性大型真菌。许多含有纤维素的植物秸秆都是草菇栽培的培养料。据研究，草菇的半纤维素酶的活性不高，对半纤维素和木质素的分解能力差，因此，对木质的培养基难以分解。目前生产上使用最广泛的主要原料有稻草、棉籽壳、麦秸、玉米秸、废棉等，此外还有甘蔗渣、剑麻渣、高粱秆、花生秧、豆秆、茶叶渣、莲子壳、椰衣、香蕉茎、香蕉叶等。但在这些原料中以稻草栽培草菇的历史最长、使用的范围最广，也是当前最主要的栽培原料之一，其次是棉籽壳、麦秸、玉米秸和废棉等。

(一)稻　草

稻草是栽培草菇最早使用的原料，其所产出的草菇风味最佳。稻草也是我国农业生产中最主要的农作物秸秆，其来源极为丰富，尤其是我国东南沿海地区是水稻的主产区，每年都有大量的稻草产出。据统计，我国每年的稻草产量近2亿吨，资源非常丰富，且每年都有，可谓是取之不尽、用之不竭。同时我国多数产稻区的稻草多付之一炬或弃之不用。目前稻草每吨的价格在200元左右，而按保守的袋栽草菇的生物学转化率30%(一般可达35%～40%)计算，每吨稻草可产草菇300千克，每千克售价6元，每吨稻草可创产值1 800元，效益十分显著，值得提倡。据分析，稻草含水量为13.4%，有机物总含量74.2%，粗灰分12.4%。有机物中含粗蛋白质1.8%，粗脂肪1.5%，可溶性碳水化合物42.9%，粗纤维28%。粗灰分中所含金属和非金属元素有钙(Ca)、磷(P)、钾(K)、钠(Na)、镁(Mg)、铁(Fe)、锌(Zn)、铜(Cu)、锰(Mn)等，其中钙、磷、钾、钠的含量最高，分别为：0.283%、0.175%、0.154%和0.128%。稻草的含碳(C)量为45.59%，含氮(N)量为0.63%，碳氮比为72.3∶1。据试验分析，这样的物质构成，能够满足草菇生长发育的基本需要。因此，稻草作为主要培养料只要添加必要的营养物质，并注意培养料的制作技术，是能获得高产的。

生产上要求水稻收获季节及时收集晒干，有条件的地方，室内贮藏，也可在室外垒堆贮藏，不让雨水淋湿，防止霉烂变质。

（二）棉籽壳和废棉

棉籽壳和废棉是营养较为丰富的草菇栽培原料，生产草菇产量较高，是当前生产上使用较多的原料。

据分析，棉籽壳含纤维素37%～39%，木质素29%～32%，可溶性碳水化合物34.9%，粗蛋白质含量7.3%。其含碳素56%，氮素2.03%，碳氮比为28∶1，适合于草菇生产的营养要求。棉籽壳不仅含有足够草菇生长发育所需的营养成分，而且质地疏松，吸水性强，棉籽壳之间的间隙较大，有利于通气。

废棉是棉纺厂、轧花厂、弹棉花厂等废弃的下脚料，含有破碎的棉籽仁和棉籽壳。其粗蛋白质含量为7.9%，粗脂肪1.6%，粗纤维38.5%，可溶性碳水化合物30.9%，粗灰分8.6%，含水量12.5%。

生产中应选择无霉烂、无结块、没被雨水淋湿的、当年收集的新鲜棉籽壳和废棉。栽培时不必加工，可与其他辅料直接配合使用。我国每年种棉花面积约为660万公顷，可供食用菌生产的下脚料达200万吨。因此，棉籽壳、废棉的来源相当广泛。

（三）麦　秸

我国小麦产区分布广泛，在多数产区麦秸多被烧掉，这不仅浪费了资源，还污染了环境。据分析，麦秸含水量为13.14%，粗蛋白质2.7%，粗脂肪1.1%，粗纤维37%，可溶性碳水化合物35.9%，粗灰分9.8%。麦秸含氮、磷、钾分别为0.48%、0.22%、0.63%。麦秸的表面由于覆有一层蜡质，因此在使用时一般要浸于石灰水中，以除去表面的蜡质。

（四）甘蔗渣

甘蔗渣是甘蔗榨糖后的下脚料。其含水量为18.34%，粗蛋白质2.54%，粗脂肪11.6%，粗纤维46%，半纤维素25%，木质素 20%，可溶性碳水化合物 18.7%，粗灰分 0.72%。含碳 53%，含氮 0.63%，碳氮比 84∶1。

生产上必须选用新鲜色白，无发酵酸味，无霉变的。一般应取用糖厂刚榨过的新鲜蔗渣，并及时晒干贮藏备用。未充分晒干，久积堆放结块、发黑变质、有霉味的，不宜使用。由于蔗渣含有较多的可溶性糖类，在高温条件下容易污染链孢霉等杂菌，因此开始生产时要对原料进行发酵处理，以消耗转化可溶性糖。在用甘蔗渣为主料进行栽培时，一般与棉籽壳、废棉等配合使用，并要添加适当的麸皮、米糠等辅料。

二、辅　料

由于稻草、麦秸、甘蔗渣等原料含氮量较低，需要予以补充含氮素较高的辅助物质来加以调整，生产上常用的辅助物质有麸皮、米糠、玉米粉等，这些物质是起辅助作用，故称辅料。此外，由于草菇是一种在偏碱性环境条件下才能生长发育良好的食用菌，而稻草、棉籽壳等天然有机物的碱度都偏低，要用石灰来调节，为此，我们将石灰在此一并介绍。

（一）麸　皮

麸皮是面粉厂加工面粉时的下脚料，含有小麦的表皮、果皮、种皮、珠心、糊粉等。营养十分丰富，含有粗蛋白质 13.5%，粗脂肪 3.8%，粗纤维 10.4%，可溶性碳水化合物 55.4%，粗灰分 4.8%，维生素 B_1 7.9 微克/千克。含碳 69.9%，含氮 11.4%，碳氮比 6.1∶1。麸皮是袋栽草菇最重要的辅料，要选择新鲜无霉变、无虫蛀、不板结的，同时使用以稻草、麦秸为主料时，麸皮要选择颗粒细的麸皮，因为只有细颗粒麸皮在拌料时才会粘在稻草、麦秸上而混合均匀。如果麸皮较粗而无法粘在稻草、麦秸上，在拌料时就会沉积一堆，不仅起不到增加氮素和其他微量元素等应有的作用，而且由于麸皮容易酸败、碱度较低等特点，拌料不均匀，集中装入袋中，势必造成培养料酸碱度过低，出现菌丝无法正常生长、污染真菌等后果。

（二）米　糠

米糠是稻谷加工后的下脚料，营养含量较为丰富。由于其精制程度不同，所含的营养物质也不一样。一般细米糠含粗蛋白质 10.88%，粗脂肪 11.%，粗纤维 11.5%，可溶性碳水化合物 45%，粗灰分 10.5%。含碳 49.7%，含氮 11.4%，碳氮比 4.4∶1。米糠的选择原则与麸皮一样，要选择新鲜无霉变、无虫蛀，不板结的，同时使用以稻草、麦秸为主料时，米糠要选择颗粒细的。

（三）玉 米 粉

玉米粉由玉米加工而成，因品种与产地的不同，其营养成分也有所不同。一般玉米粉中含有粗蛋白质 9.6%，粗脂肪 5.6%，粗纤维 3.9%，可溶性碳水化合物 69.6%，粗灰分 1%。含碳 50.92%，含氮 2.28%，碳氮比 22∶1。玉米粉中的维生素 B_2 含量高于其他谷物，在培养基中加入 2%～3%的玉米粉，可以增加营养源，加强菌丝的活力，提高产量。

（四）石　灰

石灰是用石灰石、贝壳类等含钙量比较大的物质经煅烧而成，主要成分是氧化钙（CaO），它遇水而成氢氧化钙[$Ca(OH)_2$]，氢氧化钙是一种强碱，其 1%的水溶液 pH 值在 12 以上。

石灰是草菇生产上非常重要的物质，栽培中培养料的酸碱度就是靠它来调节的。

关于培养基中添加尿素问题，在很多材料中栽培草菇，为了增加培养基的含氮量，建议添加一些尿素。为了实验出最佳的培养料配方，我们进行了在培养基中添加1%～5%不等尿素的试验，结果表明所有有添加尿素的配方都出现菌丝生长缓慢、污染率高（多为鬼伞）、出菇慢、产量低等现象。通过综合分析认为产生这种现象的主要原因是：添加尿素后培养料的氨味过大不利于草菇菌丝的恢复生长，同时添加尿素后培养料的含氮量偏大，这种培养料有利于鬼伞的生长。

三、培养料配制原则及配方

（一）培养料配制原则

草菇是一种草腐菌，许多物质都可作为草菇的培养料，那么在选择上要根据以下的几个原则，使草菇栽培的利益最大化。一是坚持就地取材的原则，所谓就地取材，就是根据当地的具体情况，选择当地就有的，适合草菇生长的材料，如产稻区选稻草、产棉区选棉籽壳、产麦区选麦秸等。二是变废为宝的原则，草菇是草腐菌，许多农作物的秸秆都是上好的材料，而当前多数地区的农作物秸秆多是一把火烧了，既浪费了资源，还污染了环境，同时还会引发森林火灾等，而利用这些废弃的秸秆栽培草菇不仅可变废为宝，增加收入，还减少了对环境的污染，同时栽培后的培养料还是上好的有机肥料。而在城市周边，有许多废弃的工业下脚料，如废棉、中药渣、酒糟等，这些多为工厂的垃圾，均可作为栽培草菇的原料。三是要高产、稳产，栽培草菇的首要目的是获取经济利益，要取得好的经济效益，就要做到高产、稳产，因此，选择的培养料就要做到高产、稳产，要做到这一点各地在大规模栽培前，要根据当地的培养材料进行培养料配方试验，选择最佳的培养料配方。

(二)培养料配方

草菇的培养料配方较多,这里介绍几种以稻草、棉籽壳为主要培养基的配方:①稻草 90%,麸皮(或米糠)10%。②稻草 90%,麸皮(或米糠)5%,玉米粉 5%。③稻草 75%,棉籽壳 20%,麸皮(或米糠)5%。④稻草 40%,棉籽壳 30%,甘蔗渣 25%,麸皮(米糠)5%。⑤棉籽壳 98%,石灰 2%。

以上以稻草为培养基的配方中,石灰均在浸稻草时加入水中,而不是直接加入料中。加入的量决定于浸稻草水量的多少,一般按水量 3%～4%的比例加入。

第四节　菌袋制作

一、培养料的准备

根据不同地区原料来源、栽培习惯等进行备料。

(一)稻草的准备

要选择金黄色、无霉味的干燥稻草,这种稻草营养丰富,杂菌少,种草菇产量高。所以在稻草收割后就要及时处理,单季稻和晚稻的稻草,在水稻收割后就地及时将稻草晒干,选择地势较高的地方,将稻草垒堆贮藏(图 4-6),垒出的稻草堆要结实,做到防止雨水渗透到中间的稻草,以防稻草霉烂,以保证翌年有优质的稻草来种植草菇。对于早季的稻草,晒干后即可用于生产草菇,如果没有立即种菇,也要选择地势较高,排水方便的地方,垒堆贮藏,防止雨水淋湿而发生霉烂。单季稻和晚稻的稻草比早稻的稻草营养丰富,产菇期长,产量高,因此应尽可能选择单季稻和晚稻的稻草来做培养料。稻草在使用前一定要晒干,未经晒干的稻草不能作为培养料,同时被雨水淋湿，发生腐烂霉变的也不能作为培养料。袋栽草菇每袋需要 0.5 千克的稻草。因此，每万袋草菇大约需 5 000 千克的稻草。

图 4-6　稻草垒堆贮藏

(二)棉籽壳、废棉的准备

如用纺织厂的下脚料（即废棉）和棉籽壳栽培草菇，要选用新鲜、无霉变、未受雨淋的原料。对收购来的原料要贮藏好，如在室外存放，必须在地势较高的地方堆放，同时要覆盖塑料薄膜，防止雨水淋湿培养料。室内堆放，地面要架空，堆放场地要保持通风透气，防止培养料霉变、长虫。在栽培前这些原料尽可能在太阳下暴晒 2 天。

(三)甘蔗渣的准备

要选用新鲜色白、无霉变、无酸败的甘蔗渣，同时要及时晒干，保存好，防止变质。

其他农作物的秸秆如麦秸等也应选用质量好、无霉变的，并及时晒干收藏。

二、培养料的处理

(一)稻草的浸泡和切割

1. 浸草　将稻草放入预先备好的石灰水池中用重物加压浸没(图 4-7),石灰水浓度 3%～4%(pH 值 14)。一般浸泡 6～20 小时,浸草时间长短与稻草的质地、生产的季节、气温的高低有关,如果质地好则浸草的时间要长些;气温高时浸草时间短些,在冬季浸草时间可长达 20 个小时。浸好的稻草捞起后,尽快晾干或施重压沥去多余水分。含水量控制在 70%～75%,用手握紧稻草手缝间有 1～2 滴水即为适宜含水量,含水量不能太高,如果含水量过大可采用在太阳下晾晒的办法去除多余的水分。

图 4-7　浸　草

2. 切草　稻草含水量适宜后,将稻草切成长 20 厘米左右的短稻草。一般将稻草切成 3 段即可。切草的方法多种多样，可用铡刀铡，柴刀砍，镰刀割，也可采用专用的切草机（图4-8）切割。

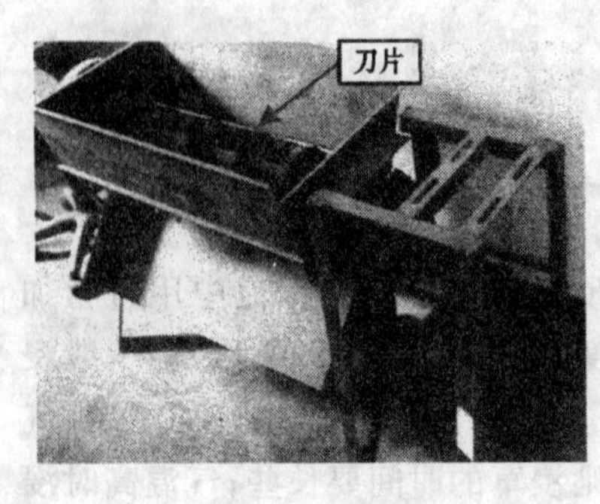

图4-8 切草机

（二）废棉与棉籽壳的处理

1. 废棉的处理方法 用5%～6%的石灰清水浸湿12～20小时，然后捞起，沥去多余的水分，手握有7～8滴水下滴，即料的含水量在70%左右，可进行拌料。

2. 棉籽壳的预湿与发酵 先将棉籽壳暴晒1～2天，然后充分预湿，过12～15个小时，加入5%～6%的石灰粉和1%的过磷酸钙，混合拌匀，将水分加至70%左右，然后建堆，堆成宽1.5米，高1米，堆边上用塑料薄膜围起来，堆顶用稻草覆盖。堆期一般在3～5天，冬、春、秋季温度较低时，堆制时间宜长一点，堆制期间翻堆1～2次，翻堆时要补足水分，让料的含水量在70%左右。通过适当延长发酵时间，改善其理化性状，提高培养料的保水能力，有利于草菇菌丝在低温条件下对养分的吸收。

（三）甘蔗渣的发酵

甘蔗渣在使用前一般需要经过室外自然堆积发酵1个月左右，通过酵母菌和细菌增殖发酵，使甘蔗渣软化，以防塑料袋被刺破，同时发酵后的甘蔗渣营养也更易被草菇菌丝所利用。

不同榨糖厂所生产的甘蔗渣质量各不相同。有的榨糖厂为了提高经济效益，将甘蔗渣再次处理利用，生产木糖，其残渣的粒度大小一致，红棕色，俗称红渣，这种蔗渣由于pH值较低，在堆积中要多添加一些石灰，将pH值提高至7以上。

三、拌　料

根据不同的配方，按比例称量原辅料。稻草在浸草前要称重。棉籽壳、甘蔗渣等要经过发酵的培养料，在发酵时已加入了水，已经潮湿，在生产开始前，用固定的容器取样，暴晒之后，称重，这样就会计算出单位体积培养料的重量，在生产时进行计量。

在搅拌的方法上，由于草菇的主要培养料多采用稻草，同时稻草的长度在 15 厘米以上，因此目前的机械无法对以稻草为主的草菇的培养料进行搅拌，生产上对这类培养基只能用手工进行搅拌。而对以棉籽壳为主的培养基可以用机械进行搅拌。用机械搅拌的只要将各种原、辅材料倒入搅拌机斗内，通上电源，搅拌 15 分钟以上。手工搅拌的应先将麸皮、米糠、玉米粉、石膏等辅料搅拌均匀，然后再撒入稻草、棉籽壳等主料中，搅拌 2 轮，使辅料在草堆中均匀分布。拌料一定要均匀，如果搅拌不均匀，就会造成营养不均，致使草菇菌丝的走菌速度不一，出菇的时间不一，进而难以管理而降低产量。

在搅拌过程中，要时常测定培养基的含水量和 pH 值，以便及时调整培养基的含水量和 pH 值，防止含水量不足或过湿、pH 值过低。生产上含水量一般控制的范围是：以稻草为主的培养基为 70%～75%，以棉籽壳为主的培养基为 60%左右。pH 值在装袋时为 8.5～9.5，灭菌后保持在 7.5 左右。

含水量测定通常采用手抓和手捏料法进行测量，如以棉籽壳为主要培养料的培养基，可用拇指和食指捏一团料，稍用力握之，有水渍出现，用尽全力握之，有水滴出现欲滴但又滴不下为宜，此时含水量大致为 60%；而以稻草为主要培养料的培养基，可抓一把稻草，稍用力握之，有水渍出现，用尽全力握之，有水滴出现，并滴下1～2滴为宜，此时含水量大致为70%。一般稻草拌料前含水量都要进行测定，因为拌完料后如果发现含水量过大，就很难调节，而在拌料前可通过摊晒、摊晾办法来降低含水量。

pH值的测定，可用pH试纸进行测定，装袋时要达到8.5以上，低于8.5时，可用石灰进行调节，对培养基水分不足的，可使用高浓度的石灰水溶液采用喷水壶进行喷洒，水分充足的直接用石灰粉撒入料中，同时进行搅拌。而pH值过高，如高于10的可用过磷酸钙进行调节，方法与石灰的调节方法相同，对水分不足的将过磷酸钙溶解于水中，用喷水壶将过磷酸钙溶液喷洒，水分充足的将过磷酸钙打碎撒入料中，同时搅拌均匀，也可采用拌完料后过几个小时再开始装袋，这样pH值会自然降低。

四、装　袋

（一）塑料袋的规格

目前多采用周长为44～48厘米，厚度为0.05毫米的低压聚乙烯塑料薄膜筒。

（二）塑料袋的制作

将塑料薄膜筒切成长55厘米长的袋子，也可统一由加工厂加工成55厘米长的袋子，但封口必须由自己加工。将袋子一头用粗棉线或塑料带活结扎紧备用（图4-9）。活结要扎牢，同时线的两端要留5厘米左右，以便于接种和脱袋时操作，粗棉线或塑料带可多次重复使用。

（三）培养料的装填

日前出于考虑到生产成本，原料来源，生产上多采用纯稻草,稻草、棉籽壳或稻草、棉籽壳、甘蔗渣混合栽培,而加入稻草的培养料难以用机械来装袋,只能用手工进行。如果在棉花生产区,用纯棉籽壳栽培的可用机械进行装袋。手工装袋的在往袋里装料时要边装边压紧,料装到离袋口2～3厘米处。装料时要将稻草、棉籽壳以及麸皮等辅料均匀装入袋中,特别是纯稻草栽培的,装袋过程中更要注意麸皮均匀装入袋中,如果发现有部分麸皮未能均匀装入袋,而沉积在地面上时,切不可觉得丢弃掉太可惜了,而在每个袋口表面加一把,或装一整袋。这样不仅不会提高产量,反而会得不偿失,降低了草菇的产量。因为草菇是喜碱性的菌类,麸皮经常压后,其 pH 值在 5.5 左右,不仅不适合草菇的生长,而且极易生长杂菌,而造成草菇的污染。

图 4-9　塑料袋

为了加快装袋的速度,可做几个塑料袋套筒或套塑料袋的小架子(图 4-10),做法是先将塑料袋套在套筒上或小架子(图 4-10)上,再往袋子中装料,这样可提高装料的速度。一般 1 个较熟练的工人 1 小时可装料 100 多袋。一般每袋可装干稻草 0.5～0.55 千克。

图 4-10　装袋的套袋架

(四)绑　袋　口

当料装到离袋口 2～3 厘米时,用粗棉线或塑料带将袋口以活结扎紧,线的两端各留 5 厘米左右。

五、灭　菌

灭菌是袋栽草菇高产的关键技术之一,灭菌操作的正确与否关系到草菇栽培的成败。在生产上灭菌的方法宜采用常压,而高压蒸汽灭菌由于成本较高,同时高压灭菌的过程中培养基的 pH 值下降过快,多数情况下都降至 7 以下,使草菇菌丝无法生长,造成栽培失败,因此生产上提倡用常压蒸汽灭菌。

(一)常压蒸汽灭菌灶的种类

随着我国食用菌栽培技术不断的推广普及,各地根据不同的取材，建造出风格各异、形形色色的常压蒸汽灭菌灶。不论常压蒸汽灭菌灶的形状如何，但就其结构而言，主要由蒸汽发生系统和灭菌系统 2 个部分组成。这 2 个部分的组合方式有连体的、分体的和混合的。蒸汽发生系统因结构与材料的不同有锅炉、铸铁鼎、铁板焊接锅、简易铁皮锅、汽油桶等；灭菌系统因材料与结构不同，灭菌系统有柜式、房式、池式、隧道式、简易式等。灭菌柜的材料有砖混结构柜、铁皮柜、塑料膜柜等。这些蒸汽发生系统和灭菌系统的不同材料与结构形式，若经过排列组合将会形成多种多样的常压灭菌灶，目前农村生产上常用的几种常压灭菌灶见图 4-11。

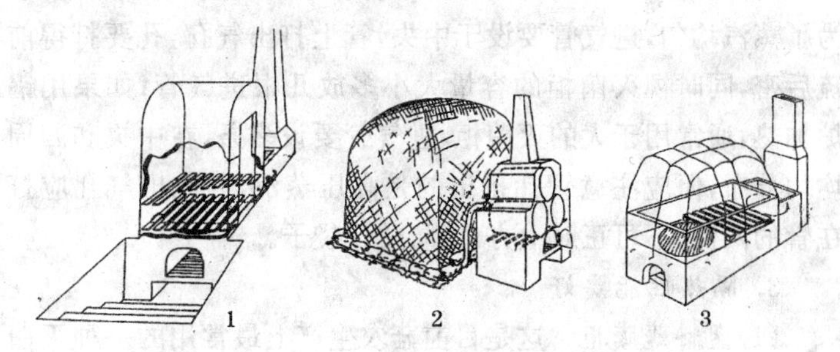

图 4-11　常压蒸汽灭菌灶　（仿　姜绍丰等）

1. 连体式常压灭菌灶　2. 汽油桶分离式简易常压灭菌灶

3. 连体式简易常压灭菌灶

（二）常压蒸汽灭菌灶的建造

常压蒸汽灭菌灶种类繁多，性能特色各不相同。要建造一个好的适用的、能耗低的、易操作的常压灭菌灶，必须根据自己的生产规模、地理条件、建造材料来源情况、燃料来源等情况，决定建造哪种常压蒸汽灭菌灶。同时在建造时要把握以下几个原则。

1. **蒸汽发生量要足够大**　指的是灭菌灶大小、灭菌袋的数量的多少和蒸汽发生量要匹配。如果灭菌灶空间大，而蒸汽发生量太小，不仅难以在短时间内升温，而且无法达到100℃，即使勉强达到了100℃，也难以保持这个温度。

2. 蒸汽要求均匀分布　连体常压灭菌灶锅的蒸发面要大，若用圆形的铸铁鼎，鼎四周有死角，且随水位下降死角增大，可在鼎面上用水泥砌一水池，以增大蒸汽的蒸发面，但是时间长了易漏水，最好是改用钢板焊接的船形锅，这种锅可以根据灭菌柜的大小来焊接加工，柜底有多大，锅就焊接多大，这样蒸汽的蒸发面大，蒸发量多，分布均匀，没有死角，唯一的不足是造价较高。分体式常压灭菌灶，如果有汽油桶、铁板焊接炉加热，为了蒸汽均匀，进气管要设于中央，管上打出气孔，孔要打得前疏后密，同时视灭菌柜的容量大小多放几根进气管；如果用锅炉加热，通常用于大的灭菌柜，进气管要设多条，在中央和四周均匀分布，但应注意管孔排出的是高压蒸汽，因此出气孔应打在管的两侧，不可正对上方，以防烫化袋子。

3. 隔热性能要好

(1)塑料薄膜柜　这是目前菇农生产上最常用的一种灭菌柜，具有灭菌袋数量灵活，可多可少，操作方便等特点，使用时即在待灭菌的菌袋外，披罩塑料布，最好用较厚的整块塑料防雨布，不漏气，吸热少，价格低，但隔热差，易老化，无固定外形。

(2)砖混结构柜　即灭菌柜体用砖砌成墙，24厘米厚的砖砌墙可内夹石棉板、工业毯、泡沫薄板等隔热材料来提高隔热性能，内壁涂抹高标准的水泥，这种柜体吸热较多，连续灭菌时第一灶升温慢。

(3)木板柜　即灭菌柜体为厚2厘米的杉木板拼成，隔热性能较好，吸热少，但易产生裂缝而漏气。

(4)铁皮柜　即灭菌柜体用铁皮焊接而成，吸热少，外形固定，但隔热差，可外盖工业毯、石棉毯、棉被等进行保温。

4. 保温性能要好　所谓提高保温性能就是指提高灭菌柜的密闭性。

(1)塑料薄膜柜　塑料布要整块的，不能有破洞，老化的要更换，盖住菌袋后四周要用重物压紧，不能漏气。

(2)砖混结构柜　内壁要涂抹高标准的水泥，顶部、门洞等关键部位要用水泥、钢筋结构。

(3)铁皮柜　要焊接严密。

(4)木板柜　内壁要贴塑料薄膜、油毛毡等。

灭菌柜要安装门。首先，门要设计合理，易于操作，不要过大，也不要过小，过大容易漏气，过小虽然漏气少了，但菌袋进出不便，增加了劳动强度；其次，门要密封，内贴塑料布，油毛毡；再次，门要设置密封圈。

5. 要科学补水　补水要及时，不能让锅内没水，否则就会把菌袋烧掉，造成栽培失败，同时又要避免因加水而停沸。解决补水方法有：利用连通体原理，用直径为 30～40 毫米、耐用的透明塑料软管，在锅内水位较低处接到锅灶外，这样就可从灶外观察到灶内的水位情况，为锅内适时补水；当然也可凭经验定时补水，但这样难度较大。

解决补水时不使锅内停沸的方法：一是一次补水量不能过多；二是补进的水一定要是热水，同时这种水温度越高越好，要做到这一点，就是要利用常压灭菌灶烟囱的热量，即在灶体与烟囱之间设立 1 个预热锅，补进的水从预热锅中进入，解决了补进的水是热水问题。

(三)常压灭菌的时间

灭菌时间的控制，是袋栽草菇栽培能否成功的关键之一，为了研究出正确的灭菌时间，我们进行了一系列的试验，为了使生产者少走弯路，现将试验过程与结果介绍如下。

1. 材料与方法

(1)供试菌株　屏优1号。由福建省屏南县科委选育而成，对温度适应范围广，子实体在25℃～35℃温度下，均能正常生长发育，抗逆性强、产量高、群生、不易开伞、朵大、单个重可达100～200克，是福建省屏南县室外稻草堆栽的当家菌株。

(2)培养料配方　①母种。PDA培养基＋磷酸氢二钾1克。②原种生产种。棉籽壳90%，麸皮(或米糠)9%，石膏粉1%。③栽培袋。稻草87%＋麸皮10%＋玉米粉2%＋石膏粉1%。

图4-12　蒸汽炉灭菌

(3)试验过程与方法　按上述栽培袋配方总投料320千克，稻草采用3%石灰水浸泡8小时，捞起，沥干，切成3段，次日拌料，含水量75%左右(即用手握紧指缝间有1～2滴水)，装袋(规格24厘米×55厘米，厚0.005厘米)生产615袋，平均每袋装干料0.52千克。采用高压蒸汽灭菌和常压蒸汽灭菌两种方式，高压蒸汽灭菌利用制种高压蒸汽灭菌锅，在0.1兆帕压力(即温度121℃)下灭菌3小时，常压蒸汽灭菌采用蒸汽炉(图4-12)产生蒸汽灭菌，料温控制在100℃保温，设2小时、4小时、6小时、8小时、10小时共5个常压处理。各生产100袋，上午5个处理各抽取10袋用滴定方法测试pH值，下午采取开放式两头接种，用种量：每包（干料重 0.15 千克，下同）接种 15 袋，放在同一房间培养，温度控制在 32℃左右，选择各处理未污染菌袋，脱袋，室内垄式出菇管理。

观测内容。一是各处理污染情况；二是各处理走菌状况；三是产量比较。

2. 结果与分析　试验结果见表 4-1。

表 4-1　培养料不同处理表现

灭菌方式	灭菌保温时间（小时）	pH 值	污染袋数（个）	污染率（%）	满袋时间（天）	平均产量（千克/袋）
高压	3	6.7	83	92	22	0.135
常压	2	8	72	80		
	4	7.5	1	1.1	13	0.197
	6	7.3	0	0	14	0.206
	8	7.1	5	5	17	0.175
	10	6.9	12	13.3	19	0.185

不同的处理结果不相同，高压蒸汽灭菌，培养料易酸化，高温季节接种易受红色链孢霉和木霉侵染，污染率高达 92%，草菇菌丝生长浓密缓慢，走透满袋时间最长。常压蒸汽灭菌，保温 2 小时的，灭菌不彻底，多数袋内出现酵母菌、细菌等杂菌污染，袋口未出现真菌类污染。保温 8 小时和 10 小时，培养料过于熟化，菌丝成长缓慢，仅长一潮菇后，料面上易长绿霉、黏菌等，产量不高；保温 4 小时和 6 小时的，培养料偏碱性有效抑制杂菌发生，菌丝走势良好，生长快、满袋时间短、产量高，2 个处理相差不大。因此，稻草经石灰水浸泡和常压蒸汽灭菌后，有效去除秸秆表面的蜡质，提高容重，缩小了体

积，从而改变了原来的物理结构，同时使聚集紧实的纤维素、半纤维素和木质素等难以水解的物质得到部分水解，可使菌丝集中分布，有利于营养积累。适宜的常压蒸汽灭菌时间既可杀菌，又能改变培养料理化性质，创造有利于草菇生长的条件。

因此，在生产上常压蒸汽灭菌时间为 100℃保持 4～6 小时。

(四)常压蒸汽灭菌的操作要点

1. 合理叠袋　袋栽草菇的料袋较大，同时袋内的稻草较为松软，因此，袋子进灶时要合理堆叠。首先堆叠的层数不能太多，一般在 10 层左右，如果高于 10 层，灶内要搭架，进行分层摆放。其次，叠袋方式采取一行接一行，自下而上重叠排放，上下袋形成直线，前、后叠之间要留空间，以利于蒸汽顺畅流通。采用塑料薄膜柜灭菌的叠袋方式可采取四面转角处横直交叉重叠，中间直线重叠，做到既通气又不倒塌，叠好袋后罩紧薄膜、防雨布等，然后用绳子缚在灶台的钢钩上，四周捆牢，罩膜、防雨布的四周要压上木板并加石头、沙袋等，防止蒸汽从四周漏出。

2. 及时灭菌　培养料在灭菌前含有大量的微生物，在干燥的情况下处于休眠与半休眠状态，但当培养料上拌水后，各种微生物的活性加强，同时常规草菇的生产时间都在盛夏，气温极高，培养料的营养又丰富，装入袋内极易发热，如不及时进行灭菌，酵母菌、细菌加速增殖，将培养基质分解，导致酸败，造成草菇菌丝难以生长。因此，培养基要尽快装袋，装袋后要尽快灭菌。常规栽培的草菇一定要当天拌料、当天装袋、当天灭菌，同时间隔时间越短越好。

3. 快速升温　在开始灭菌时要大火猛烧，从开始灭菌全温度达100℃,历时越短越好,最好不超过2个小时,以免长时间高温、高湿造成杂菌自繁,培养料pH值下降。

4. 正确保温　当灭菌温度上升至100℃后,控制火势,烧稳火,维持4～6小时,一般维持5个小时。此间温度不可回落,灭菌操作者要坚守岗位,不能懈怠造成温度回落。同时要避免锅内的水烧干,应注意及时向锅内补水,而且补水不能造成锅内停沸,可考虑加沸水或微量连续补水。

5. 及时退灶　保温5个小时后要及时打开柜门或塑料薄膜,让蒸汽排出。蒸汽排出后趁热把料袋搬到冷却室,进行冷却。要注意灭菌后的料袋不能长时间放在常压蒸汽灭菌灶上,否则会因常压蒸汽灭菌灶的余热,使料袋长时间保持在70℃以上的高温,导致培养料的pH值下降,造成草菇菌丝走菌困难。

六、接　种

(一)场地消毒

袋栽草菇由于培养料的pH值在7.5左右,因此,在接种中不易被嗜酸性的杂菌如绿霉、青霉、毛霉等污染。所以,对接种场地的要求就不像香菇、银耳等菌类严格,但袋栽草菇在接种过程中也会被嗜碱性的杂菌如鬼伞、石膏霉等污染。因此,接种室要求选用洁净、干燥、通风、向阳的地方,在使用前进行清洗、晾干,而后空房进行消毒处理。消毒处理要做好2方面的工作,一是防虫;二是防菌。

1. 防虫处理　草菇的生长时间较短,造成为害最大的虫子是螨类。草菇不仅易发生螨类,而且一旦受害,会造成较大损失。而最好的防治办法是做好接种和培养场地的环境卫生。在使用前1周用广谱的杀虫、杀螨剂进行喷洒接种室及四周。

2. 防菌处理　对空房进行防菌消毒的方法很多，在生产上常用的方法如下。

(1)甲醛熏蒸法　按每立方米10毫升甲醛的用量，盛入铝锅中，放在电炉上煮沸，让甲醛蒸发成气体，对空间进行消毒，使用电炉时要注意用电安全，甲醛挥发完后要及时切断电源。也可用10毫升的甲醛加入5克的高锰酸钾混于碗中让其发生反应产生甲醛气体，并将房间密闭24小时，进行消毒。

(2)硫黄熏蒸法　硫黄燃烧可产生二氧化硫和三氧化硫气体，这2种气体无色，有刺鼻气味，杀菌能力强。同时这2种气体遇水会形成硫酸与亚硫酸，杀菌力极强。使用时按每立方米10克的用量，称取硫黄粉，放入锅、碗等容器中，加上点燃的木炭让其缓慢燃烧，也可用小块蘸上酒精的棉球点燃放在硫黄中，让其燃烧，产生气体，并将房间密闭12～24小时。使用该方法时，一是要注意人员的安全；二是为提高杀菌效果，在熏蒸前室内的墙等先用水喷湿，加大空间的湿度；三是硫黄燃烧产生的气体比空气重，使用时要将盛硫黄的容器放在比较高的位置。

(3)气雾消毒法　采用气雾消毒盒，每立方米用4～6克，一般1盒为50克，15平方米的房间用2盒。使用时用火柴或烟头等点燃，即产生白色的烟雾，密闭房间0.5个小时以上即可。

(4)紫外线照射法　一般每40立方米的无菌室要用2支30瓦的紫外线灯照射2小时，才能达到要求。紫外线灯启动后，人员要离开室内，以防眼角膜、视网膜受伤。

空房消毒除了硫黄熏蒸要提前1周进行外，其他的消毒方法，提前1天即可。对于料袋进房后的消毒，在生产上许多菇农都是直接接种,笔者认为最好还是要进行2次消毒,特别是对于多次栽培过草菇的场地、鬼伞菌较多的场地。消毒方法除硫黄熏蒸外,其他方法均可使用,使用方法也相同。

(二)菌种处理

菌种在培养过程中菌种袋上会沾有带杂菌的孢子,棉塞上会孳生各种杂菌,因此在接种前对菌种要进行消毒处理。操作者的双手戴上医用手套,用75%的酒精消毒双手。将菌种袋上的棉花用酒精蘸湿,以防棉花上的杂菌飞扬,菌种袋表面用蘸有75%酒精的脱脂棉球均匀擦洗2遍,用锋利的刀片在菌种袋上部料面下1厘米处环割1厘米深,将培养料连同棉塞取下,弃之不用。而后用刀片,在菌种袋上纵向轻轻地割一刀,将塑料袋割破,打开塑料袋,取出菌种。将菌种用双手轻轻搓碎,放入1个用75%酒精消毒好的脸盆等容器中,一般1个脸盆一次性可放消毒好的菌种5~8袋。消毒的药品除了用75%酒精外,还可用1‰高锰酸钾溶液进行消毒。所不同的是用高锰酸钾消毒时要将菌种放入1‰高锰酸钾中进行清洗,拿出后将菌种倒置,待高锰酸钾溶液晾干后,再脱袋。

(三)接种操作

接种采用菌袋两头接种法,即先用75%的酒精消毒接种者的双手,然后将袋子的一头解开,在料面上撒上一层菌种,用原来的带子将袋口活结扎紧,将袋子翻转一头,把袋子的另一头打开,用相同的方法在料面上撒一层菌种,用原来的带子将袋口以活结扎紧。

接种是袋栽草菇生产的重要环节之一,为确保成品率和草菇的产量,在操作时要注意以下几点。

1. *用种量要适宜*　袋栽草菇生产用种量的多少,决定了草菇子实体的大小,接种量少,所长的草菇子实体就少,但个体就大;反之接种量大,所长的草菇子实体就多,但个体就小。同时由于草菇菌丝较弱,如果接种量太少,就会造成菌丝难以恢复,而出现死菌现象,造成菌袋不走菌,而栽培失败。因此用菌量的多少是栽培能否成功的关键因素之一。根据多年的栽培经验,袋栽草菇的用种量以 1 瓶 750 毫升容量的菌种接种12～15 袋为宜。一般夏季栽培的用种量少些,1 瓶接种 15 袋左右,而在温度较低季节栽培的用种量大些,1 瓶接种 12 袋左右为宜。

2. 人员搭配要合理　接种时要做到人员分工明确,责任到位。接种时一般 4 人为一组,1 人搬运和堆叠菌袋,2 人负责解袋口和扎袋口,1 人负责撒菌种。

3. 菌种播撒要均匀　多年来的生产实践证明,第一潮草菇的子实体多生长在菌种上。根据这个特点,接种时,在袋口上撒播的菌种就要做到均匀分布,这样才会增加第一潮菇的出菇面积。切不可让撒播下的菌种成堆,如果菌种成堆就会造成草菇丛生,不仅影响草菇的产量,也影响到草菇子实体的外观形状。

4. 每个栽培袋菌种的播种量要一致　由于播种量的多少会直接影响到草菇的走菌速度,菌种多,走菌就快,反之,就慢,而菌丝的走菌速度又决定了出菇的迟早。如果同一批菌袋走菌速度不一,就会增加栽培出菇管理的难度,同时也直接影响到草菇的产量。因此生产上要尽可能地使每个菌袋的走菌一致,要做到这一点除了培养时控制好温度外,很重要的一条就是要每个菌袋的接种量一致。

5. 接种时机要把握　草菇属于高温型菌类,菌丝生长适宜温度较高,最适生长温度为 30℃～35℃,20℃以下基本不走菌。因此,生产上当气温较低时,接种时机要把握好,当菌袋的料温下降至35℃时即可消毒接种。不要等菌袋的温度下降至25℃以下时才接种，否则会影响走菌的速度，不利于草菇菌丝的生长发育。

七、培　养

接种后的草菇菌袋进入发菌培养阶段。

（一）培养场所

袋栽草菇的培养场所除温度要求标准明确外，没有统一的标准，主要是要环境干净，可遮光、遮雨，有控温、控光和较好的通风条件，地面不回潮，较干燥。

专业性的草菇生产厂（场）要设置专门的菌袋培养室。首先要选好建造专用培养室的场地。要注意地形、方位、主风向及交通条件。理想的场地，要求坐北朝南，冬暖夏凉，地势高燥；环境清洁，空气新鲜；交通方便，有水源、电源；在300米之内没有畜禽舍、粮食和饲料仓库，特别要避免螨虫等危害；要远离酿酒、制曲、制醋等发酵食品的工厂。发菌室可采用土木结构、砖混结构。房间设计要求既能密闭，又能通风，又有一定的散射光。墙壁刷白灰，地面水泥抹平。为提高场地的利用率，可在室内搭建培养架，用于排放菌袋。

非专业性生产的农村千家万户式的栽培，培养场所可利用现有的住房，以及栽培其他食用菌的空棚、空房，如花菇棚等。对于这类场地要求做好防虫、防菌处理，特别是防螨类处理，防止螨虫、杂菌等的危害。

栽培规模不大的菇农，可以采取培养室、出菇棚合为一体，甚至可以采取接种室、培养室、出菇棚合为一体的形式进行生产栽培。这样做最大好处是减少菌袋的搬运，减小了劳动强度。但这种做法场地的利用率低，不利于大规模的生产。

这类培养室建造详见本章第二节的菇棚建造。

(二)走菌管理

袋栽草菇的发菌培养一般需要8～10天。其中,头3～4天为萌发定植期,4天后进入发育生长期。菌丝发育的好坏,直接关系到子实体的发育与生长。因此,在培养过程中要按照草菇菌丝生长发育的要求,创造最适宜的环境条件,促进健康生长。

1. *合理堆叠* 袋栽草菇菌袋的堆叠方式,要根据气温的高低而定。当最高气温在32℃以上时,要一排一排堆柴式堆叠(图4-13),每排之间的距离不少于40厘米,堆高为4～6层,太高菌袋会倒塌。当最高气温在32℃以下时,接完种后菌袋,也是采取堆柴式堆叠(图4-14),但每排菌袋间不必留有间隙,各排可重叠在一起,堆高也可达6～8层。

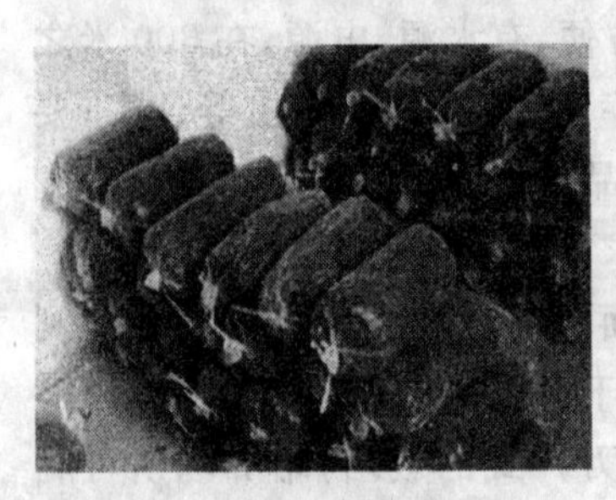

图4-13 菌袋排式堆叠

图4-14 菌袋堆柴式堆叠

2. *灵活调温* 温度是草菇菌丝能否正常生长的关键。温度的调节上要注意根据不同生产季节观察气温、堆温的变化,进行人为地调节,既要防止高温烧菌危害,又要防止低温对菌丝的危害,而造成栽培减产与失败。

(1)菌丝的萌发期 接种后的菌袋,头3大为菌丝萌发期，菌种块的菌丝正处于恢复和萌发阶段，其菌袋的温度比室温低1℃～2℃，此时培养室的室温可以控制在35℃左右。特别是最高气温在25℃以下时还要在菌堆上盖一层塑料薄膜，以保持适宜的温度。

(2)菌丝生长期　草菇的菌丝生长期短，但在生长期菌丝生长迅速。这就意味着菌丝的新陈代谢速度极快，也就是说其产生的菌温高，通常情况下产生的菌温会比室温高4℃～6℃，此时的培养室温度要控制在30℃左右为宜。由于产生菌温快，菌袋的堆叠方式，要由原来的每排之间不留通道，改为留通道，堆高从4层以上改为3～4层。

3. 加强通风　草菇是好气性的真菌，走菌期对氧气的需求量大，要注意通风换气。培养室的通风时间要根据气温而定。盛夏栽培，由于气温高，通风换气要结合调节温度，选择早晨与夜间进行；反季节栽培等气温低的天气通风一定要在中午气温高时进行。通风时除了打开门窗，使空气对流外，在高温期还可采用电风扇排气，加大空气的对流量，以降低温度。通风时还要做到培养室中菌袋多时多通风，菌温高时勤通风。

4. 适时松线　草菇由于在菌丝的生长期对氧气的需求量大，当菌丝开始萌发生长，菌丝将袋口料面覆盖后，也就在接种后的4～5天，要将绑在菌袋袋口的线松开，让氧气进入，同时让袋内的二氧化碳、氨气等废气排出，促进草菇菌丝的正常生长。松线的方法是将绑袋口线解开并取走，并用手轻轻动一下袋，让塑料袋口露出一个直径在0.5厘米以下的小孔。由于在接种时绑袋口的线是用活结扎紧的，所以很容易解开，取下的线要收集好以留作下次生产时使用，这种绑袋线可以多次使用。松线时要注意：一是不能过早，如果过早菌丝还没恢复盖面，会造成污染增加，同时松线后袋内水分蒸发加快，会造成接种块和袋面上的培养料干掉而菌丝无法恢复和生长；二是也不能过迟，如果过迟当菌丝生长到一定的时候，一般袋内生长 3～4 厘米后，菌丝由于缺氧和袋内废气的毒害而无法生长；三是松开的袋口不能过大，过大由于草菇的培养室温度较高，最直接的是袋内水分大量蒸发，造成培养料失水，影响脱袋后菌袋的出菇。

5. 及时翻堆　翻堆的目的：一是使菌袋均匀地接触光照、空气，保持均匀的温度，促进各个菌袋走菌均匀，达到出菇时间一致的目的，因此在翻堆时要把中间的菌袋放在外面，上下的菌袋放中间，走菌较好的放外面，走菌较差的放里面，促进走菌一致；二是检查杂菌，翻堆时要认真检查杂菌，并及时处理。在检查时凡出现污染其他杂菌的菌袋都要进行处理。翻堆的次数一般为 2 次，菌丝覆盖袋口表面时进行第一次翻堆。解开袋口后 3 天左右，菌丝迅速生长，堆温迅速上升，要进行第二次翻堆。翻堆时要做好菌袋位置的调节，以利于菌袋菌丝的协调、均匀生长。

第五节　菌袋脱袋与排场

草菇的菌袋经过 10 天左右的培养，就要进行脱袋出菇。通过试验表明如果不脱袋，草菇虽也能生长，但只在两头的袋口出菇，长出的菇不仅个小，而且产量也低，每袋只能长 50～100克的鲜菇。因此，袋栽草菇出菇时必须将塑料袋脱掉。

一、脱袋时间

脱袋时间的正确与否，是袋栽草菇能否高产的关键因素之一。当菌袋两端的菌丝生长到还有3～4厘米就要相遇，即菌袋的中间还有3～4厘米的培养料还未走菌时，是最好的脱袋时间。在温度正常，即30℃～35℃情况下，一般走菌8～10天，在25℃～30℃情况下，一般要走菌10～15天才可达到这个程度。但是由于草菇的菌袋走菌时在培养室中摆放的位置，同一批菌袋所装培养料的松紧度，培养料的含水量，接种量等不尽相同，菌袋的走菌速度也有所不同，造成菌袋的走菌速度有所差异。因而很难做到走菌一致，适宜的脱袋时间也就不好定。在生产上一般是掌握70%的菌袋达到要求时就可脱袋，对于生产规模比较小的，不论菌丝走到什么程度都一次性脱袋，而对于生产规模较大的，同一批生产的菌袋可以分批进行脱袋，即达到要求的先脱袋，而走菌还不够的，等到走菌符合要求时再进行脱袋出菇。

二、脱袋方法

脱袋前必须将可以脱袋出菇的菌袋搬运到出菇场所。脱袋的方法是，一手抓紧菌袋一头的塑料，让菌袋与地面垂直，用力一抖，菌袋就会自动滑出，另一只手轻轻接住已露出袋外的菌袋，然后轻轻将塑料袋拔出，这样就完成一个菌袋的脱袋过程，然后将已脱好的菌袋进行排场。一批菌袋脱完袋后，要对塑料袋等丢弃的东西整理好，清理掉垃圾。草菇的塑料袋可多次使用，对脱下的塑料袋要用清水清洗，晒干后再次利用。

三、菌袋排场方法

通过多形式的菌筒排场试验表明，堆叠摆放是最好的排场方式。堆叠摆放的方法是：在出菇棚中，将已脱袋的菌筒横放在已做好的菇畦上，菌筒一袋紧靠一袋，尽量靠紧，堆叠的层数依不同的气候而定，一般堆叠3～5层(图4-15)。最少要3层，最多时可叠5层。当气温高达35℃以上时，叠3层；而当气温较低为22℃以下时，可叠5层。堆叠时为了增加出菇面积，最上1层可采用长城形堆叠，即有3～4层交叠摆放。

1

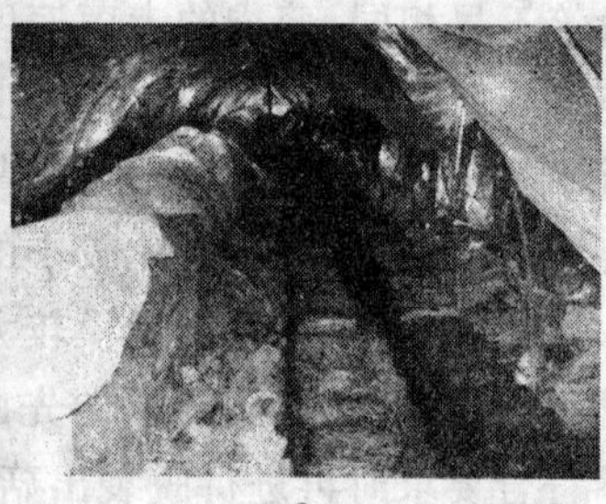

2

图4-15　菌袋的开袋与排场

1. 开袋　2. 排场

四、二次接种的操作

二次接种是袋栽草菇生产高产的关键技术之一。其原理，一是由于草菇菌丝的生命力较弱，很容易老化，在脱袋堆叠时再接1次种可增强草菇菌丝的生命力，提高产量；二是由于草菇子实体多从草菇的菌种处长出的特点，在最表层菌筒上再撒一些菌种，可增加表层草菇子实体的发生量，而提高产量，三是由于各种原因草菇菌袋的走菌速度不　，脱袋时再接

1次种，可缩小走菌的不一致，使菌筒更好管理。经过多年的试验表明，二次接种可使袋栽草菇增产20%左右。二次接种的做法是：将菌种搓碎（菌种的处理方法同接种时的菌种处理方法），菌筒排场时，在菌筒间缝隙、未走菌的地方以及最上面一层菌筒的表面上撒一些菌种，菌种的用量为每100个菌筒用种2袋左右。

五、脱袋排场的注意事项

（一）选择好时间

草菇是高温型的食用菌，脱袋与排场要选择在晴天或阴天的中午，而在雨天则不能脱袋。因为雨天一是气温低，二是菌袋进出与脱袋时容易被雨水淋湿，如果被雨水淋湿，就会造成菌袋温度骤降，从而影响菌袋的出菇。

（二）掌握好温度

常规栽培的在气温低于25℃时，不要进行脱袋作业，这种情况一般出现在夏季台风来临时，在这种情况下只能等台风过后才能进行脱袋排场。而当气温高于38℃时，要采取措施，使草菇的菇棚温度下降至35℃以下，才能进行脱袋与排场出菇。反季节栽培的要先将菇房的温度上升至25℃以上后才能进行脱袋与排场作业。

（三）及时罩塑料薄膜

脱袋排场时要做到边脱袋、边排场、边盖塑料薄膜。草菇的出菇棚温度较高，在这样的环境下菌袋一旦脱掉塑料薄膜，其水分的蒸发量将非常大，同时袋内小气候与菇棚的小气候差异也很大，脱袋排场后如不及时将菇畦上塑料薄膜罩上，一则会造成菇筒脱水，二则过大的小气候差别，也会影响草菇菌丝的恢复，从而影响草菇产量。因此，必须做到一边脱袋、一边排场、一边把薄膜罩于畦床上，使菌筒由袋内小气候，转入到罩膜的菇畦小气候中，逐步适应。

(四)二次接种的菌种与原来菌种要一致

菌筒排场时二次接种所使用的菌种一定要与原来所使用的菌种相同，否则由于菌种不同而产生拮抗，就会造成大幅度减产，甚至颗粒无收。因此，在接种时，就要按照每 100 袋菌袋留 2 袋菌种的比例预留好菌种，并妥善贮藏以备二次接种时用。

第六节 出菇管理

草菇菌袋脱袋排场后，便进入出菇管理阶段。在这一时期，要进行草菇菌丝的恢复、培养，子实体的催蕾，长菇中温度、湿度、光照、空气的控制等工作。出菇管理是袋栽草菇生产能否高产的关键之一。

一、稳温保湿培养

菌袋脱袋时，由于草菇菌丝非常细弱，而且稻草培养料也很松软，在脱袋过程中就会造成菌丝断裂，同时通过二次接种接入的新的草菇菌种也要进行培养。因此脱袋排场后，首先要对菌袋进行菌丝的恢复与培养。在培养过程中要做到稳温和保湿，要求温度控制在 30℃左右，不可大起大落，早晚温差要小于 4℃；要保持较高的空气相对湿度，一般以 90%左右为宜，不能让湿度低于 80%，否则会造成菌袋脱水，造成减产；此时通风的次数不要过多，每天 2～3 次即可，而且时间不要长，一般 10～15 分钟。还要根据外面空气相对湿度情况，湿度高时可通风长一些，湿度低时时间短一些，目的是保证菇房内的湿度。恢复与培养的过程一般要 3 天左右,因为培养温度、菌袋本身菌丝状况等不同,培养时间略有差异。当草菇菌袋表面布满草菇菌丝,同时菌丝粗大生长有力,培养期就结束,便可进入下一管理阶段。在培养过程中如果发现草菇菌丝过分浓密,出现菌被、或气生菌丝非常明显等现象的,说明菇房湿度过大,就要加强通风;而如果发现菌袋表面稻草变干发白的,说明培养时菇房湿度太低,就要盖好塑料薄膜。反季节栽培的要在地上喷水以增加菇房的湿度。

二、科学催蕾

草菇菌袋进行 3 天左右的恢复培养后,就要进入催蕾管理阶段。草菇的催蕾方法有 2 种:一是压水保温催蕾,二是自然管理促蕾。自然管理促蕾是一种保守的催蕾方法,优点是保险,技术好掌握,缺点是草菇子实体生长不整齐,对产量有一定的影响,其做法是:加强菇房的通风,增加菇房中氧气的含量,促进草菇菌丝的扭结,而形成子实体原基,进而形成子实体,其关键是降低菇房的湿度。一般菇房的空气相对湿度控制在 85%为宜,如果过高会造成形成的原基又生长成菌丝。压水保温催蕾是一种比较先进的催蕾方法,优点是子实体生长整齐,产量较高,缺点是技术不好掌握,其做法是:用温度与气温相差不大的水,一般温度在 28℃～32℃,注意喷水时,喷雾器的水不能射向菌袋的表面,这样会喷伤表层菌丝,而是将水向上喷出再落到菌袋表面上,喷水量以菌袋表面潮湿,水不滴为宜。喷完水后要进行保温培养,菇房的温度仍然控制在 30℃左右为宜,同时注意菇房的通风,通风次数要少量多次,每次通风的时间不能过长,一般以 15 分钟左右为宜,菇房中的空气相对湿度保持在 85%为佳,不能过高,否则形成的原基会重新长成菌丝。压水后2天就会有大量的子实体形成。

三、长菇管理

(一)温度控制

草菇是恒温结实性的高温菌类，其子实体生长的温度要求较高，要求达到30℃左右。因此，在子实体生长阶段温度尽可能控制在30℃左右。但不同的发育时期温度允许有适当的变化，菇体越小对温度要求越严，如在针头期和纽扣期菇房温度不能低于28℃，同时早晚温差不能大于4℃，否则极易引起子实体死亡。而在蛋形期以后菇房的温度在25℃时还可正常生长，但同样温差也不能超过4℃。菇房温度的控制要根据不同类型的菇棚、不同的生产季节采取不同的方法进行。

1. 常规室外荫棚栽培　在盛夏最高气温高于35℃时要加厚顶棚的遮阳物，做到全阴或"九阴一阳"以降低菇棚内的温度，而随温度逐渐下降要把遮阳物摊稀，达到"七阴三阳"，让阳光透进棚内，增加热源，提高菇棚的温度，同时在早晚要盖紧塑料薄膜保温。

2. 常规室内栽培　在温度高时，一是选择温度较低的场所栽培，如坐南朝北的房间，二是采取通风办法来降温。而在温度低时，一要选择温度较高的场所栽培，如坐北朝南的房间、顶层的房间等场所，二要尽可能地密闭房间，以减少热量的散发，保持出菇场所的温度。

3. 反季节栽培　由于栽培只能在保温菇房中进行，为此要根据不同情况对菇房进行保温。为了降低能耗，保温的温度要保持草菇最适宜生长的下限，如针头期保持28℃就可以，但要注意减少温差。

(二)湿度管理

在长菇阶段菇房的空气相对湿度要求不能过大，一般以85%左右为宜，如果超过90%，纽扣期以前的小子实体会重新长成菌丝，子实体消失。而在蛋形期以后的子实体的基部会长出菌丝(图4-16)，影响商品的外观形状，如果长期处于95%以上湿度，不论菇体多大，都会造成死菇。如果湿度长时间在80%以下，会使表面培养料脱水变干，无法长出子实体，即使长出子实体，在纽扣期前的会造成子实体干枯死亡，在蛋形期以后的会造成子实体生长缓慢，表面开裂而失去商品价值。

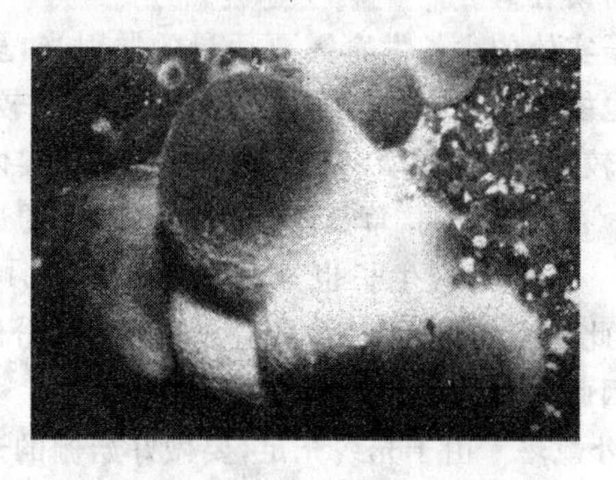

图4-16 湿度过大长出的子实体外观

控制湿度的办法要根据不同栽培方式、不同情况采取相应的措施。

当菇房湿度过低时，首先要盖紧塑料薄膜，同时在菇畦沟上洒水，或用喷雾器将水喷到菇房的空间以增加菇房空气相对湿度，有条件的菇棚可用增湿机进行增湿。注意喷在菇房空间的水和在增湿机上用的水其水温要与空气温度基本相同，特别是要注意不能用冷水，否则会因温差过大而造成死菇，同时不能向菇体直接喷水，否则也会造成死菇。反季节栽培的可用蒸汽发生器将热蒸汽直接通入菇房中，起到保温和增湿的双重效果。蒸汽发生器可以是锅炉、专门的蒸汽发生器，也可以用汽油桶做成的简易蒸汽发生器。通入菇房的蒸汽最简单和最经济的做法是用生产食用菌菌袋的塑料筒，一头连接蒸汽发生器，一头放在菇房的走道上并扎紧，在菇房中的塑料筒每隔5～10厘米扎1个针眼，让蒸汽从针眼中喷出。

当菇房湿度过高时，不论是什么栽培方式，都要采取加强通风的方法来降低湿度。

(三)光线控制

草菇子实体的生长发育需要适量的散射光，虽然在黑暗的条件下也能形成正常的子实体，但子实体生长较弱，菇身易伸长，菌幕较薄，较易开伞，而适量的光照对子实体的分化有促进作用。有试验证明，草菇子实体发育阶段的最适光照强度为50勒。强光对其生长也不利，强光不仅影响草菇的生长，而且由此产生的强烈蒸发，会造成培养料水分的不足而影响产量。因此在光线的控制上应做到如下。

1. 室外栽培　由于光线充足，要做好菇棚的遮阴。为提高菇棚温度而让太阳光直射入菇棚的，菇畦上要用黑色的塑料薄膜进行覆盖以避免直射光。

2. 室内栽培　只要菇房有一定的透光窗或者日光灯光即可。

此外，光线还可直接影响子实体的光泽和颜色，当光线强时草菇子实体的颜色深黑而发亮；当光线不足时则表现为灰色而暗淡，甚至为白色。生产上我们可以利用菇色与光线的关系，控制光线强度而生产出不同颜色的草菇子实体，满足消费者的不同需求，提高生产效益。充分利用这一特点十分有利于开发草菇在欧、美的市场。

(四)通风措施

草菇是属于好气性的菌类，在整个生命活动过程中，要不断吸入氧气，排出二氧化碳。因此，生长发育过程中要求有较为充足的氧气供应。如果空气不流通、氧气不足，就会抑制草菇菌丝的生长和子实体的生长发育。在菌丝体生长阶段，每天只要进行短时间的通风换气就可满足其对氧气的需求。而在出菇阶段，菌丝开始扭结后，对氧气的需求量就大量增加，尤其是菇体收获前1～2天，呼吸代谢旺盛，对氧气的要求也急剧增加。空气中的二氧化碳浓度达到0.1%（正常空气中浓度为0.03%），就会对子实体产生毒害作用，表现为原基数量减少、菌盖形成受抑制、子实体发育畸形等，有时甚至完全抑制了子实体的发育。当然空气流通也不能过快，否则会造成温度下降、湿度过低等负面影响。因此，在出菇阶段要根据不同情况进行通风管理。

1. *常规畦式栽培*　在催蕾管理阶段，由于要求湿度高，一般情况下塑料薄膜要密闭，这个阶段的通风方法是：如果塑料薄膜外面的空气相对湿度在85%以下，通风时只要将菇畦上的塑料薄膜拉开并用力抖动，而后盖上即可，一天4次左右；如果塑料薄膜外面的空气相对湿度在85%以上（如雨天和雾天）可将塑料薄膜打开，15分钟后再盖上，每天次数同上。长菇阶段，在同样空气相对湿度情况下，通风次数与时间都要比催蕾阶段长，每次通风时间在15分钟以上，当空气相对湿度大时时间可拉长。同时，要求菇棚各个部位空气要通动，不能有死角。

2. 反季节栽培　由于冬季外界不仅温度低，而且湿度也低（一般在75%以下）菇房的通风控制难度更大。通风只能采取少量多次的方法进行，一般选择室外温度较高时，每次的时间只能3～5分钟，1次通风量也不能太大，有两层隔热结构的菇房开内门、内窗通风，否则只能开窗通风。而且通风时，菇房的加热与增湿要同时进行，以保证通风时温、湿度不会大幅下降。

在以上的4个因素中，温度可用温度计进行检测，湿度有干湿度计进行检测，光线可凭肉眼进行判断。而通风的检测虽有二氧化碳检测仪，但因价格较高一般菇农无法购置，肉眼又很难判断。那么如何检查通风是否充足呢，在生产上可以通过以下两个方面进行判断，一是当菇蕾形成之后，如果中央部分下凹成脐状，或菇蕾表面有水渍状的锈斑现象发生，一般表明菇棚通风不足，二氧化碳浓度过高；另一方面，可以检查残存在菇体表面水珠的颜色，如果水珠带黄褐色，表明通风不足，二氧化碳浓度过高，水珠颜色，一般在喷水后3～4小时进行观察较易发现。

综上所述，草菇子实体在整个生长发育过程中，都要求适当的温、湿、光和通风，只是不同的生长发育阶段需要量不同而已。同时温、湿、光和通风又是个矛盾的统一体，既互相联系，又互相制约。在具体的生产上绝不能单一因素孤立对待，而要四个因素全盘考虑。如通风良好，可能带来温度、湿度的不足；用塑料薄膜将菌袋密闭，温、湿度达到要求，则可能通风不良。这就要求生产上要根据不同生长发育阶段的不同情况，而采取适当的技术措施，控制好温、湿、光和通风，使草菇处于最好的生长状态，来达到草菇生产高产和优质。切记当采取某一技术措施来解决某一技术矛盾时，必须顾及其他因素，不可顾此失彼。

四、第二潮菇管理

第一潮菇采收结束后，及时清理菇根、病菇、残菇、碎片等，整理菇畦，并用手轻轻压实菇畦上的菌袋，而后喷1%的石灰水溶液，使培养料的含水量恢复至65%~70%，覆盖薄膜，通风保湿、保温。管理方法同上面已讲述的温、湿、光和通风管理。一般3~5天后，便有菇蕾形成。正常情况下草菇可长3~4潮菇，但在生产上考虑到后2潮的产量较低，只进行2潮菇的管理，采收第二潮菇后，就将菌袋清理出菇场。

第七节　草菇生产中常见的问题及预防方法

袋栽草菇在栽培过程中，常会出现幼菇大量死亡、菌丝生长过旺、菌丝萎缩等现象，这些都会影响产量，甚至绝收。

一、幼菇大量死亡的原因及预防方法

幼菇大量死亡是草菇生产上最常见的问题之一，新栽培草菇的菇农常常对此束手无策。造成幼菇大量死亡的原因较多，主要原因如下。

(一)气温骤变，温差过大

草菇生长对温度极为敏感，幼菇生长期当遇到气温骤变的气候，如夏季的台风、雷雨天，反季节栽培保温措施不佳等，造成昼夜温差过大，超过5℃以上，会导致幼菇大量死亡，严重时大菇也会死亡。

预防方法：遇到不良天气要及时采取保温措施，如雷雨来时要盖紧塑料薄膜，在台风来临前2~3天要尽量避免菇筒脱袋，台风来时同样要加盖塑料薄膜，提高菇棚的保温性能。

（二）喷水水温过低

这是新菇农经常会碰到的，为了菇棚的湿度，进行喷水加湿。但喷水时使用的水，水温过低，造成温差过大，引起死菇；或使用的喷雾器沾有农药，由于草菇子实体对农药极其敏感，使用这样的容器喷水同样会造成幼菇死亡。

预防方法：喷水时使用的水，水温要与气温相当，一般要30℃左右为宜；喷水的容器不能沾有农药。

（三）料温偏低

常规栽培的第二潮以后生长的和反季节栽培的草菇常会碰到这个问题。正常草菇的料温在33℃以上，而当料温低于28℃时，草菇正常的生长受到影响，就会导致幼菇死亡。

预防方法：做好菇棚的保温。

（四）空气相对湿度和培养料湿度偏低

空气相对湿度与培养料的湿度有密切的关系，如果空气相对湿度长时间偏低（在75％以下），水分蒸发过快，草菇培养料的湿度一定偏低。在幼菇阶段如果空气相对湿度和培养料的湿度偏低也极易导致幼菇死亡。

预防方法：在幼菇生长时要确保菇棚的空气相对湿度在90％左右，如果湿度不足，除了盖紧塑料薄膜外，可以通过空间加湿或向菇棚走道洒水的办法来提高湿度。培养料如果由于菌袋在培养过程中失水较多湿度过低、或拌料时水分不足而湿度过低的，可在喷出菇水时，加大喷水量，以提高培养料的湿度。

（五）培养料湿度过大

因通风不良，空气相对湿度过大，造成培养料湿度过大，或制袋时培养料含水量过大，引起料内氧气不足，使幼菇难以正常生长而萎缩死亡。

预防方法:制袋时培养料的含水量不要超过 70%;菇棚要加强通风,特别是喷水后,要注意不要马上覆盖塑料薄膜,少喷或不喷出菇水。

(六)培养料偏酸

草菇喜欢在偏碱的环境中生长,如果培养料的 pH 值在 6 以下,虽可以结菇,但幼菇难以生长。同时偏酸的环境极易生长绿霉等杂菌,争夺营养引起幼菇死亡。

预防方法:配制培养基时,调高 pH 值,一般在灭菌前 pH 值达 8 以上,灭菌后 7.5 以上;采完第一潮菇后,菌袋上要喷 pH 值为 9～10 的石灰水;若培养料偏酸,在喷出菇水时,可用 pH 值为 9 的石灰水调节。

(七)采摘损伤

草菇菌丝比较稀疏,极易损伤。如果采摘时动作过猛,会触动周围的培养料,引起菌丝断裂,周围的幼菇也因菌丝的断裂而使养分无法供应而死亡。

预防方法:采菇时动作要轻、要规范,不好采的菇最好用刀片来割,避免松动培养料。

(八)病虫害危害

在草菇的栽培过程中,常会受到鬼伞、绿霉等病害和螨类、菇蚊、线虫等害虫的为害。病虫害的危害,造成草菇菌丝生长受阻,进而影响到子实体的正常生长,引起子实体死亡,特别是幼菇死亡。

预防方法:规范操作与管理,防止病虫害的危害。

二、菌丝生长过旺的原因及预防方法

袋栽草菇在出菇管理中,常会因出菇环境高温、高湿、通风不良,或培养料含氮量过高菌丝生长过旺等,造成脱袋后菌袋上草菇菌丝生长浓密,看上去白白的一片菌丝,部分地方还会形成菌被,影响草菇菇蕾的形成与正常生长,影响产量。

(一)菇棚通风不足

常规栽培时,特别是喷出菇水后,没有通风就盖紧塑料薄膜,气温高、料温高,培养料水分蒸发较大,造成菇棚空气相对湿度大,气生菌丝大量发生,料面上形成一层厚厚的菌皮,影响菇蕾的形成。

预防方法:保证菇棚足够的通风,特别是在喷完出菇水后,尽快打开塑料薄膜通风换气,通风至菌袋表面不积水或无水珠时再盖塑料薄膜。菇棚内的空气相对湿度,不能超过90%。

(二)担心菇房温度降低

反季节栽培时,通风常常不足,菌丝生长旺盛,气生菌丝浓密。如果长时间处于这种高温、高湿、通风不良的状况,料面上就会形成菌皮,而影响菇蕾的正常形成。即使形成菇蕾,也会因氧气不足而又重新长成菌丝。

预防方法:加强菇房的通风。

(三)培养料含氮量过高

这种情况下,菌丝生长过旺,形成菌皮。袋栽草菇培养料的麸皮、米糠等含氮物质的添加量,不能超过15%,如果过大就会出现菌丝徒长,形成菌皮。

预防方法:培养料配制时,麸皮等含氮物质添加量在15%以内,一般以10%为宜,同时搅拌要均匀,让麸皮等均匀分布。

菌丝生长过旺除了以上的预防方法外,在栽培中一旦出现这种现象一定要采取措施进行解决。一是要加强通风,增加菇棚中氧气的含量;二是对于明显的菌被要用竹片等工具将菌被耙掉,而后进行正常的菌丝培养管理。如果只是气生菌丝非常浓密,可用竹片等工具在袋面上耙一下,也可直接用1%的石灰清水直接喷在菌丝上,让菌丝倒伏,同时加强通风,促进菇蕾的形成。

三、不走菌与菌丝萎缩的原因及预防方法

袋栽草菇一般在接种后24小时内可见菌种萌发吃料,而有的在接种后48小时,还不见菌种萌发,或栽培过程中出现菌丝萎缩或自溶,发生这两种现象的原因较多,主要原因如下。

(一)菌种菌龄过长

袋栽草菇的栽培种培养基多为棉籽壳,这种菌种的菌龄一般掌握在菌丝走透后7~30天接种为宜,而有的菌种走透后2个月还在使用,这种菌种易出现老化现象,接种后菌种不萌发,菌种块上的菌丝萎缩。

预防方法:选用菌龄适中的菌种。

(二)制袋时培养料含水量过高

制袋时由于浸草时间过长,稻草摊晾时间不够,灭菌时水分进入袋中等原因使培养料的含水量超过75%,造成菌种不萌发或菌丝萎缩、自溶。原因一是培养料含水量过高,让接入的菌种吸水过多,无法通气,而无法萌发;二是即使菌丝能萌发,也因料内缺氧而使菌丝萎缩、自溶。

预防方法:制袋时控制好培养料的含水量,一般在70%为宜。在常压蒸汽灭菌时,不能让料袋浸水,同时要绑紧袋口,以防水分进入袋中,而增加培养料的含水量。

（三）培养料的料温控制不当

一是接种时料袋的温度在 45℃以上，菌种接种后因温度过高而死亡，这也叫烧菌；二是气温在 20℃以下，料温也在 20℃以下，这种情况下接入的菌种因温度过低而不走菌；三是走菌过程中温度突然骤降，温差过大，同时长时间保持 22℃以下的温度，就会造成菌丝萎缩、自溶。

预防方法：接种时，菌袋的温度要掌握在 30℃～40℃之间；培养时注意气温的变化，做好培养室的保温工作，使培养室温度保持在 30℃左右。

（四）病虫害危害

草菇的各种杂菌与草菇菌丝争夺养分，害虫如螨、菇蚊等会取食草菇菌丝，这些都会造成草菇菌丝的萎缩死亡。

预防方法：灭菌时间要足够；培养管理要规范操作；做好环境卫生和培养场所的防虫工作。

四、培养料含水量过高的原因及预防方法

由于稻草等培养基质的吸水力强，袋栽草菇在装袋时易出现培养料含水量过高的情况。在生产上曾发现含水量达 80%的菌袋，以稻草为主要培养基质，每袋装 0.55 千克的干料，接种后每袋达 2.75 千克。而正常的含水量一般在 70%左右，即每袋接种后的重量为 2 千克左右。一旦含水量超过 75%，即装 0.55 千克干料的菌袋，接种后每袋超过 2.2 千克，就会出现走菌缓慢，产量低等现象，影响草菇生产的经济效益。以稻草为例，产生培养料含水量过高的主要原因如下。

（一）拌料时稻草含水量过高

由于稻草吸水力极强，容易造成含水量偏高。一是浸草的时间太长；二是捞起后摊晾的时间不够，水分沥压得不够干。

预防方法:浸草的时间与方法要正确,详见本章的第四节,浸草部分,关键是要根据不同质地的稻草、不同的栽培季节把握好浸草时间。在拌料前一定要检查稻草的含水量,一旦发现过高了就要采取晾晒的方法来去除稻草中多余的水分。

(二)灭菌时水进入袋中

灭菌时由于是利用水蒸气来加温的常压蒸汽灭菌,如果灶体结构不佳会造成大量的冷凝水并直接落入袋上,或锅中水位过高,加上袋口的绑袋线扎得不紧,或袋子有破洞,就会使水分进入袋中,造成培养料含水量过高。

预防方法:装袋时要绑紧袋口;灭菌灶中的水量要适宜;使用的灶体结构要科学,不能让冷凝水直接落在袋上。

五、菌袋成品率低的原因及预防方法

合格的菌袋是草菇生产成功的关键。由于塑料袋栽草菇在生产过程中培养料经过了强碱处理、常压蒸汽灭菌等杀菌措施,一般情况下菌袋的污染率较低,成品率较高。但新栽培者在生产过程中也会出现菌袋成品率不高的问题,出现这一问题的主要原因如下。

(一)培养料酸碱度不适合

培养料的酸碱度是袋栽草菇菌丝和子实体能否正常生长的关键。草菇菌丝生长的最适 pH 值为 7.5,而偏酸性培养料不仅不利菌丝的生长和子实体的发育,而且容易受杂菌的感染。而碱性过强,pH 值超过 8.5 也不利于菌丝生长,容易生长鬼伞等嗜碱性杂菌。以稻草培养基为例,造成培养料偏酸的原因主要有:浸草的水添加的石灰比例太低,水的 pH 值低于 12;拌料至灭菌的时间间隔过长,造成培养料的 pH 值下降；麸皮等含氮辅料添加过多，或搅拌不匀集中成堆，麸皮多的菌袋也会使 pH 值下降；灭菌时间过长，超过 6 小时以上，使培养料 pH 值降低。造成培养料偏碱的原因主要有：培养料中添加了尿素等碱性物质；拌料时添加的石灰量过大，使培养料的 pH 值达 10 以上，常压蒸汽灭菌后 pH 值还在 8.5 以上。

预防方法：浸草所用水的 pH 值达 13 以上；拌料至灭菌要在当天完成；麸皮的添加量要适中，以 10%为宜，同时要拌匀；灭菌时间控制在 4～6 小时；装袋前要用 pH 试纸测试培养料的 pH 值，如果偏低了就用石灰进行调节，将培养料的 pH 值调至 8～8.5。

（二）灭菌时间不正确

灭菌时间的长短与成品率的高低密切相关，灭菌时间如果少于 4 小时和多于 6 小时均会增加菌袋的污染率，详见本章第四节第五点。

预防方法：采用常压蒸汽灭菌，将灭菌时间控制在 4～6 小时。

（三）使用劣质菌种

菌种是生产能否成功的关键，生产上如使用了菌龄过长的菌种、老化的菌种、污染的菌种均会造成草菇生产成品率的下降。

预防方法：使用菌龄适中、生长健壮、无污染的菌种。

（四）培养温度不适宜

接种后培养室的温度如果不适宜，就会影响草菇菌丝的生长，过高会造成“烧菌”，过低就造成菌丝不走或萎缩死亡。

预防方法：接种时菌筒的温度要适宜，以 30℃～40℃为宜，接种后培养室的温度要控制在 30℃左右。

此外，含水量过高也会造成成品率低，其产生的原因与预防方法前面已经阐述，详见本节的第四点。

第五章　袋栽草菇主要病虫害及其防治

草菇是一种喜高温、高湿的菌类，栽培的整个过程都处于高温、高湿的环境中，所以无论是室内栽培还是室外栽培都极易发生各种病虫害。草菇的病虫害主要有竞争性杂菌如鬼伞，寄生性杂菌如绿霉，虫害如螨虫等。草菇不仅病虫害种类多，而且多为同时发生，对生产危害大，而一旦发生，蔓延速度快，严重时造成生产失败。

由于草菇生长周期短，整个生长过程仅1个月，从现蕾至采收仅几天时间，是所有食用菌中生产周期最短的菌类之一。病虫害往往是一经发现，已告无治。若生产者不得已使用农药进行防治，一则草菇不论是菌丝还是子实体对农药极为敏感，在病虫害被控制的同时，草菇菌丝和子实体也受到致命的损害；二则由于生长期短，往往是农药的残效期未过，草菇已经采收，农药的残毒便会带到产品中，造成农药超标，影响人的健康。因此，草菇病虫害的防治也要采取"以防为主，综合防治"的方针，采取生态防治、物理防治、生物防治和化学防治等有效的防治方法和预防措施。

第一节　草菇菌种生产常见的杂菌与害虫及防治

草姑纯菌种的生产，虽然是在严格的无菌条件下进行的，但由于空气中杂菌无处不在，同时杂菌的繁殖速度比草菇来得快，因此，在菌种生产中经常会出现杂菌污染的情况。而一旦被污染，菌种就要报废，如使用了污染的菌种，就会造成整个生产的失败。

一、杂菌污染及防治

(一)常见的杂菌

1. *真菌*　在草菇菌种生产上，常见的真菌有木霉、青霉、曲霉、毛霉、根霉和链孢霉等

(1)*木霉*　木霉又名绿霉，在自然界中分布广，寄主多，致病力强。木霉侵入后，先产生白色的菌丝(也叫霉层)，过4～5天后白色的菌丝即出现浅绿色的粉状物，原来的霉层迅速扩大并不断产生新的霉层，扩展很快，特别在高温、高湿的条件下，几天内整个料面就会被木霉菌所覆盖。木霉侵染寄主后，与寄主争夺养分和空间，还分泌毒素杀伤、杀死寄主，同时把寄主的菌丝缠绕、切断。在温度 25℃～30℃、空气相对湿度 95％的高湿环境，栽培料偏酸性(pH 值在 4.5 左右)，木霉危害最大。

(2)*链孢霉*　链孢霉又称脉孢霉、红色面包霉、串珠霉。培养料受链孢霉污染后，其菌丝生长很快，并长出分生孢子，在培养料表面形成橙红色或粉红色的分生孢子堆。特别是棉塞受潮或塑料袋有破洞时，橙红色的霉呈团状或球状长在棉塞外面或塑料袋外，稍受震动，便散发到空气中到处传播。链孢霉在高温、高湿的条件下发生最多。

(3)*青霉*　被污染的培养料上，菌丝初期白色，形成圆形的菌落，随着分生孢子的大量产生，颜色逐渐由白色转变为绿色或蓝色。菌落茸毛状，扩展较慢，有局限性。老的菌落表面常交织起来，形成一层膜状物，覆盖在料面，能隔绝料面空气，同时还分泌毒素，使草菇菌丝死亡。青霉较易在高温、高湿、

偏酸性的环境下发生。

(4)曲霉　曲霉，又名黄霉菌、黑霉菌、绿霉菌。曲霉种类较多，不同的种，在培养基中形成的菌落颜色不同，黑曲霉菌落呈黑色；黄曲霉菌落呈黄至黄绿色；烟曲霉菌落呈蓝绿色至烟绿色；亮白曲霉菌落呈乳白色；棒曲霉菌落呈蓝绿色；杂色曲霉菌落呈淡绿、淡红至淡黄色。大部分种呈淡绿色，类似青霉菌菌落。曲霉对温度适应范围广，并嗜高温，如烟曲霉在45℃或更高温度下生长旺盛；凡 pH 值近中性的培养料也容易发生；培养料含淀粉较多或碳水化合物过多容易发生；湿度大、通风不良的情况也容易发生。

2. 细菌　被污染的试管母种，细菌菌落较小，多为白色、无色或黄色，黏液状，常包围草菇接种点，污染基质后，常常散发出一种污秽的恶臭气味。培养菌袋(瓶)受细菌污染后，呈现黏湿，色深，并散发出臭味，草菇菌丝生长受阻。

细菌的个体需放大 1 000～1 500 倍才能看到，有杆状、球状或弧状，大小不一。以二等分方式进行繁殖(裂殖)。有些杆菌在细胞内能形成圆形或椭圆形的无性休眠体结构，称为芽孢。芽孢壁厚，耐高温、干燥、抗逆性极强。细菌适于生活在高温、高湿及中性、微碱性的环境中，培养料 pH 值呈中性或弱碱性，含水量偏高有利细菌的发生。芽孢杆菌的抗高温能力极强，它们形成的芽孢必须通过 121℃的高压蒸汽才能将其杀死，因此，灭菌不彻底是造成细菌污染的主要原因。

3. 酵母菌　被酵母菌污染的试管，形成表面光滑、湿润，似糨糊状或胶质状的菌落，不同种颜色不同，有的乳白色、白色，有的粉红色、淡褐色、黄色。都没有绒状或絮状的气生菌丝。菌种袋(瓶)被酵母菌污染并大量繁殖后，引起培养料发酵变质，散发出酒酸气味，使草菇菌丝不能生长。在气温较高、通气条件差、含水量高的培养基上发生率较高。

(二)发生污染的原因与预防措施

1. 培养料污染　由于培养料没有完全湿透，培养料偏干，有的培养料夹心部分是干的，这就跟米饭蒸不熟夹生一样，培养料中心的杂菌难以杀死。这种现象常发生于麸皮霉变、结团，拌料时难以吃透水分；棉籽壳、麸皮又没有完成预湿；从拌料到装袋之间的时间短且料偏干的情况。

预防措施。不使用霉变的麸皮等原料，培养料充分预湿，必要时棉籽壳用石灰水浸泡后堆制发酵1天以上再用。

2. 灭菌不彻底　常压蒸汽灭菌时间不足或温度不够；灭菌锅排除冷空气不彻底造成假压；菌种袋在锅内叠放太紧密，影响锅内蒸汽均匀扩散，产生灭菌死角。

预防方法。灭菌时严格按照灭菌操作规程，并确保灭菌锅的正常工作。

3. 菌袋破洞污染　菌种在生产过程中的装袋、灭菌、接种、运输等，都会由于操作的不小心或机械的原因，使菌袋发生破损，产生破裂或微孔，而杂菌就会从这些破损处进入，造成污染。

预防措施。生产过程中动作要规范，尽量减少菌袋的破损，灭菌时放气速度不能过快，否则由于压力差过大，极易产生微孔。发现破损的菌袋要及时挑出处理，一般将污染袋灭菌处理后倒出重新利用。

4. 棉塞污染　在装培养基时，将培养基沾到试管口上，原种、栽培种的瓶、袋口不干净；棉塞与培养基相接触；棉塞在灭菌时受潮等都会引起棉塞污染。

预防措施。分装母种培养基时，不要将培养基沾到试管口上，如有则在塞棉花前要用干布将其擦除；灭菌后在摆试管斜面时，不要将试管倾斜过度，以免培养基沾到棉塞上；原种、生产种在塞棉塞前要将瓶、袋口的培养基清除干净；接种时发现有棉塞受潮的要及时换上干燥的棉塞。

5. 接种污染　接种箱消毒不彻底；接种工具或操作人员的手未消毒或消毒不彻底；接种操作不规范；接种箱不密封，超净工作台未提前开机或机械问题等原因都会造成杂菌污染。

预防措施。对接种箱、接种工具、手等进行彻底的消毒；严格按无菌操作规程进行接种操作。

6. 母种和原种带菌　若在一批菌种中发现有相当数量，而又感染同一杂菌的往往是由于母种或原种带菌所致。在生产上，上一级菌种带菌，下一级菌种一定被污染。

预防措施。严把母种、原种质量关，在母种、原种培养期间要勤于检查，一旦发现感染，立即挑出，弃之不用。

7. 培养室及环境卫生条件差，造成培养污染　培养室接近畜禽舍、居民区等污染源；培养室通风不良；培养室环境潮湿；培养室虫害、鼠害多等都会引起菌种污染。

预防措施。严格按照菌种生产操作规程选择菌种生产和培养场所，保持培养室的干燥、洁净和通风透气。

杂菌污染发生后，尤其是当污染率大量发生时要及时寻找造成污染的原因，并加以改进。一般情况下如果污染集中在瓶、袋口的，应从接种操作、种源、瓶、袋口清洁等上找原因；如果是中、下部污染较多的，往往是灭菌不彻底；而出现在底部的污染，多为塑料袋本身的问题或装袋时操作产生的破损。

二、虫害及防治

草菇菌种生产中的害虫较少，但若不注意预防，螨类的为害有时会相当的严重。螨类个体较小，但繁殖力强，对环境的适应能力强，邻近畜禽舍、粮食仓库等的培养室中容易发生。螨虫一般从棉花塞的空隙和瓶盖的缝隙中进入菌种袋、瓶中，取食菌丝和培养料，并会产卵于其中，进行繁殖，并传播到下一级的菌种或栽培袋中，而造成更大的为害。

预防措施。培养室在使用前要打扫干净，必要时用硫黄熏蒸或用灭害灵喷洒；在培养过程中要经常通风，培养室的空气相对湿度控制在85%以下；使用没有螨类为害的母种或原种。

第二节　栽培过程中的病虫害及防治

一、病害及防治

草菇在栽培过程中的病害包括竞争性杂菌和子实体病害。竞争性杂菌主要是鬼伞、木霉、白色石膏霉和黏菌。子实体病害根据病原的不同分为侵染性病害，即由真菌、细菌等病原微生物引起的病害；非侵染性病害，即由生长环境不良等非生物因素引起草菇生理代谢失调而发生的病害。

（一）竞争性杂菌

在栽培过程中危害草菇的竞争性杂菌，是指生长草菇菌袋上，与草菇争夺养分和生存空间的病菌。这类杂菌种类较多，但在袋栽草菇上危害较重的主要是鬼伞、木霉、白色石膏霉和黏菌。

1. 鬼伞　鬼伞是一群生活条件和草菇极相似的腐生菌，是袋栽草菇栽培中最常见的竞争性杂菌。

(1)症状　鬼伞为伞菌，常出现在袋栽草菇开袋后，菌丝生长较草菇浓密，子实体生长很快，从子实体形成到溶解成黑色黏汁，只需 24～28 小时，子实体在菇床上腐烂，发生恶臭，并且容易导致其他病害发生。一旦发生后，一是与草菇争夺养料和水分，影响草菇生长发育；二是它的分泌物及自溶体污染培养基质后，常引起其他杂菌及病害发生。

(2)形态特征　常见的有墨汁鬼伞、光头鬼伞、毛头鬼伞、粪鬼伞、长根鬼伞、晶体鬼伞等。它们在形态上的共同特点是菌盖初呈弹头形或卵形，玉白、灰白或灰黄色，表面大多有鳞片毛，柄细长，中空。老熟时菌盖展开，菌褶逐渐变色，由白色变黑，最后与菌盖自溶成墨汁状(图 5-1)。

图 5-1　鬼　伞

(3)发生规律　鬼伞大多生于粪堆、肥土及植物残体上。对生态条件的要求具有以下几个特点。

第一，在营养上对氮素的要求高于草菇，如果培养料添加的麸皮、米糠及尿素过多，特别是添加尿素而产生大量的氨，氨会抑制草菇菌丝生长，却有利于诱发鬼伞类的发生。

第二，喜高温、高湿的条件，常发生于高温、高湿的环境中。

第三，喜酸性的环境，在中性或碱性环境中，生长不良，如果培养料 pH 值下降，呈酸性反应时，则极易诱发鬼伞类大量发生。其侵染途径一是菌袋消毒不彻底，未能杀死稻草、棉籽壳等栽培原料上的鬼伞类孢子；二是在栽培场的空气中、菇棚上的材料中携带的鬼伞孢子随空气、操作工具等传播到菌袋上；三是已发生的鬼伞，子实体迅速自溶，其孢子随墨汁状液体到处流淌、传播，成为再传染的来源。

(4)防治方法　一是搞好栽培场卫生。栽培前对场地、菇房严格清扫、消毒，特别是鬼伞菌发生过的老菇房，要用 pH 值为 9 的石灰水冲洗，并用 25%多菌灵可湿性粉剂 500 倍液喷雾消毒。二是选择新鲜、干燥、无霉变的稻草、棉籽壳等原料，并严格按照操作规程在石灰水中浸泡和灭菌消毒。三是控制培养料合理的碳、氮比例和 pH 值。四是菇床上一旦发生，则在开伞前及时人工拔除，防止孢子传播，并用 5%石灰水对发生区域喷洒消毒，以抑制鬼伞菌再次发生。

2. 木霉　木霉(Trichoderma)又名绿霉，在自然界中分布广，寄主多，对各种食用菌的致病力强，在草菇的出菇阶段不仅危害菌丝生长，也危害子实体。

(1)症状　木霉侵入后，先产生白色的菌丝(也叫霉层)，此时很容易与食用菌菌丝混淆，但木霉菌生长很快，过 4～5 天后白色的菌丝即出现浅绿色的粉状物，原来的霉层迅速扩大并不断产生新的霉层，扩展很快，特别在高温、高湿的条件下，几天内整个料面就会被木霉菌所覆盖(图 5-2)。

木霉菌的寄主范围广，几乎能危害所有的食用菌；分布范围大，危害期长，食用菌的整个栽培过程都会受到侵害；危害程度大，受其污染菌袋全部报废，严重时整批食用菌绝收。在

图 5-2　绿霉病斑

草菇的各个生产环节都会侵染危害，其危害主要表现为：一是污染培养料，与草菇争夺养分和生存空间；二是分泌毒素，杀伤、杀死草菇；三是以其菌丝缠绕、切断草菇的菌丝。它繁殖迅速，常在短时间内暴发，造成严重减产，甚至完全绝收。

（2）形态特征　木霉菌丝纤细、无色、具分隔、多分支。分生孢子梗为菌丝的短倒枝，其上对生或互生小分枝，一般有2～3次分支。着生分生孢子的小梗瓶形或锥形（图 5-3）。绿色木霉分生孢子多为球形，孢壁具明显的小疣状突起，菌落外观呈深绿色或蓝绿色。

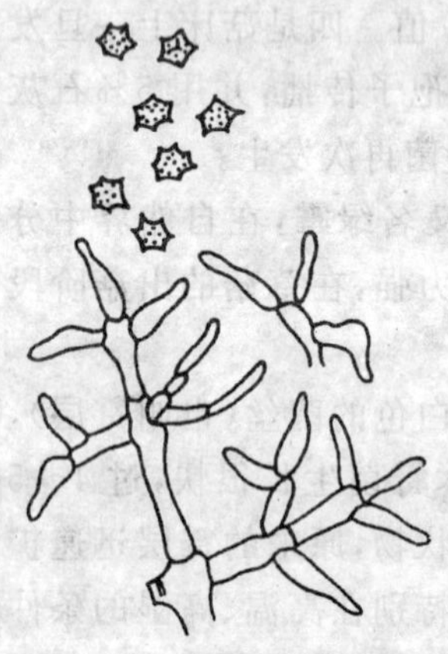

图 5-3　木　霉　（仿《中国食用菌栽培学》）

（3）发生规律　木霉广泛分布在自然界中的朽木、枯枝落叶、土壤、有机肥、植物残体和空气中。其分生孢子随气流、水滴、昆虫等媒体传播。多年栽培的老菇房、带菌的工具和场所是主要的初侵染源。生产上如使用老化的菌种，菌种块是木霉首先生长的场所。已发病所产生的分生孢子，可以多次重复侵染，在高温、高湿条件下，再次重复侵染更为频繁。发病率的高低与下列环境条件关系较大。

①温度　木霉孢子在15℃～30℃下萌发率最高，低于10℃或高于35℃则萌发率极低。菌丝体4℃～42℃范围内都能生长，而以25℃～30℃生长最快。

②湿度　木霉不论孢子萌发或菌丝生长都喜欢高湿的条件，但由于适应性强，在较干燥的环境中，仍能生长。绿色木霉的孢子在空气相对湿度95％的条件下，萌发最快。

③pH值　木霉喜欢在微酸性的基质上生长，pH值6以下，特别是4～5生长最适。

(4)防治方法

第一，选用生活力强、高产而抗霉的优质菌种，菌龄在30天以内。

第二，保持培养室及栽培场周围清洁，菇房及栽培场要经常喷药消毒灭菌，保持出菇场所通风，防止高温、高湿。

第三，管理过程中勿碰伤子实体，勿往菇体上直接洒水。

第四，生产结束后及时清除废料，拆洗暴晒床架。

第五，木霉菌一旦发生，立即进行控制，一是降低菇棚的湿度；二是发现1袋拣出1袋，并及时集中处理；三是菌袋上发现了霉斑，要及时撒石灰粉覆盖，千万勿用手抖落，以防传播。

3. 白色石膏霉　白色石膏霉又名粪生帚霉、粪生梨孢帚霉、臭菇、白皮菇。是十分普遍的杂菌，是潮湿，带碱性的环境条件下特别容易发生的病菌。

(1)症状　开始在料面上出现白色棉毛状菌丝体，形成圆形菌落，大小不一，几天后，棉毛状菌落变成白色革质状物，后期变成白色石膏状的粉状物，似乎撒上一层面粉，最后变成桃红色粉状颗粒。白色石膏霉产生的孢子量大，传播快，常引起二次感染，而造成较大的损失。菌丝自溶后，使培养料变黑，发黏，并有臭味。受感染的区域草菇生长差，甚至不生长，病菌死亡后，草菇菌丝仍能生长。

(2)形态特征　菌丝白色、有分枝、分隔。分生孢子梗短，大多分支，顶生簇生瓶梗，瓶梗顶端串生短链的分生孢子。分生孢子卵形至球形，略有疣状突起，基部平切，脱落后瓶梗顶端留有环痕，成堆的孢子呈粉红色或桃红色(图 5-4)。

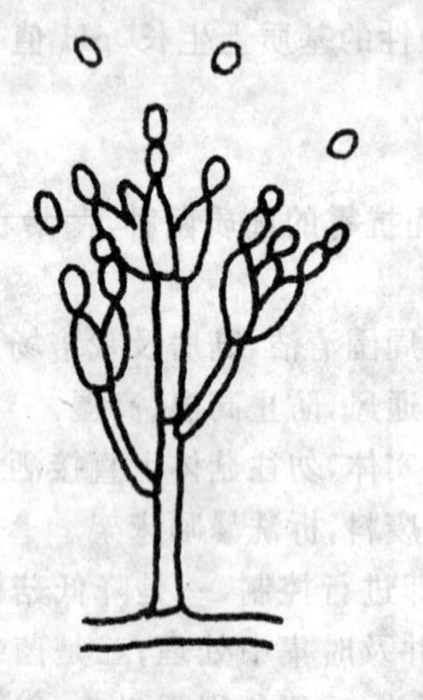

图 5-4　白色石膏霉(仿　刘波)

(3)发生规律　白色石膏霉平时生活在土壤中，也生长在枯枝落叶等植物残体上，孢子随气流等传播。菌袋消毒不彻底、含水量过高、pH 值过高(pH 值 8.2 以上)的条件下，易发生和蔓延。

(4)防治方法　一是菌袋要严格消毒灭菌；二是掌握好培养料的酸碱度，防止培养料偏碱；三是控制好培养料的含水量，要防止培养料偏湿；四是菌袋上一旦发生时，可用 1∶7 的醋酸溶液、2%的甲醛溶液局部喷洒，也可在发病部分撒施过磷酸钙。

4. 黏菌　黏菌是袋栽草菇过程中较常发生的病害之一。

(1)症状　黏菌主要生长在菌袋表面，经常是当天未发现，第二天就发现基质表面长出一大团的原生质团(图 5-5)，原生质团能慢慢移动，有的原生质团还可以移动到菇床床架、覆盖的塑料等上面。若环境阴湿，其发展较快，逐渐连片，甚至覆盖整个料面。草菇菌袋受害，造成不出菇；草菇子实体受害，易腐烂，失去商品价值。

图 5-5 黏菌病斑

(2)形态特征　黏菌的种类较多，引起食用菌病害涉及4个目，即：绒泡菌目、发网菌目、团毛菌目和无丝菌目。黏菌的营养体是一团多核的无细胞壁的原生质团，无固定的形状。原生质团能作变形虫式的运动，故又叫变形体。它作为一个整体来活动。在营养生长期，变形体向潮湿、黑暗和有机质丰富的地方移动，而在生殖生长阶段，则向反向干燥有光线的地方移动。变形体停止运动后，外生护膜，成为子实体，子实体为各种形式的孢子器，内产生孢子，孢子具细胞壁，球形、菱形或不规则。孢子成熟散发后，在适宜的地方萌发，并经过成对配合，逐渐变为新的变形体。

(3)发生规律　黏菌在自然界中分布广泛，生长在阴湿环境中的腐木、枯草、落叶、青苔及土壤上，由孢子和变形体通过空气、培养料、昆虫及变形体的自身蠕动进行传播。黏菌适宜生长在有机质丰富、环境潮湿且比较阴暗的地方。培养料含水量偏高，菇房(棚)通气不良、气温又较高，有利于黏菌孢子的萌发与生长。

(4)防治方法　一是菌袋要经过严格的消毒灭菌，以杀死培养料中的黏菌；二是对出菇场地及周围环境进行消毒；三是一旦发生危害，可将菌袋上发病部位培养料挖除，菌袋搬离菇棚，控制喷水，加强通风，增强光线，勿使栽培场所长期处于阴湿状态；四是用甲醛或多菌灵溶液对发病部位进行局部的喷洒，以控制黏菌的蔓延。

(二)子实体病害

1. 褐腐病　又名湿腐病、湿泡病、白腐病、水泡病、褐痘病、疣孢霉病，是草菇常见的病害。

(1)症状　该病菌只感染草菇子实体，不感染菌丝体。子实体分化初期即可被感染，形成一种硬皮脖状的不规则组织块，上面覆盖一层白色茸毛状菌丝，最后变为暗褐色，常从病菇组织中渗出褐色液滴。菌柄和菌盖分化后感病，菌柄变成褐色；子实体发育后期，菌柄基部被感染时，产生浅褐色斑块，无明显病原生长物。最后变成暗褐色。总之，菇体被感染后，内部组织变成暗褐色，质软且有臭味，最后成湿性软腐而坏死。

(2)病原菌　疣孢霉，菌丝灰白色，疏松，气生菌丝发达。分生孢子梗短，倒生，与菌丝体相似。孢子有厚垣孢子和分生孢子二种。厚垣孢子顶生，双细胞，上细胞球形，壁厚有瘤，下细胞壁薄，无色；分生孢子梗短而直立，分生孢子小，椭圆形，单细胞(图 5-6)。

(3)发生规律　疣孢霉是一种土壤真菌，主要存在于土壤中，该菌主要靠孢子传播，通过喷水、人体、昆虫、工器具、旧床架、刮风等携病菌进入菇房。疣孢霉病多发生在高温、高湿、通风换气不良的菇房。

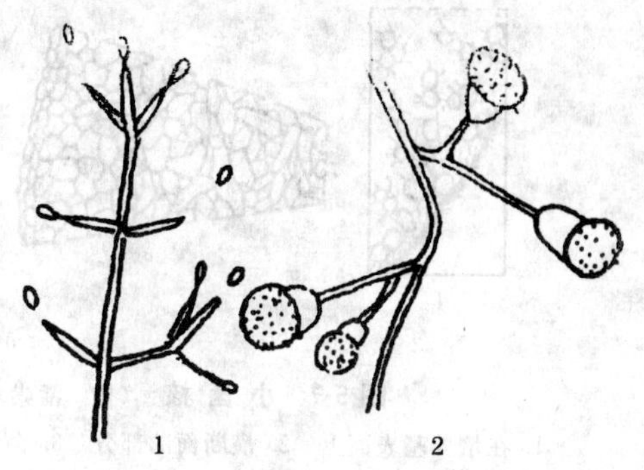

图 5-6 疣孢霉 （仿 刘波）

1. 分生孢子 2. 厚垣孢子

（4）防治措施 在栽培过程中要防止该病的发生，一是要做好通风换气工作，并适当降低空气相对湿度；二是病害发生后，可在病区喷浓度为 1%～2%的甲醛溶液，不过喷施甲醛溶液后培养料的 pH 值会下降，对草菇的产量会有影响，因此，病害得到控制后，可加喷 1%的石灰水溶液加以调整；三是发生过这种病的菇棚、菇床，在收获后，用 4%的甲醛溶液喷施消毒，或用 40%的甲醛溶液进行熏蒸消毒。

2. 菌核病 菌核病又名核菌病、白绢病，是使草菇子实体罹病致死的一种病害。

（1）症状 子实体被侵染后，表面湿滑，有黏性，继而腐烂。并在子实体上产生小菌核。此病菌除了侵染子实体外，还与草菇争夺养分，并分泌毒素，抑制草菇菌丝生长，从而降低草菇的产量，严重时完全抑制子实体形成。

（2）病原菌 菌核球形、卵形、椭圆形或不规则形，黑色。分生孢子梗橄榄色。分生孢子纺锤形或新月形，有分隔，往往中间 2 个细胞较大，色较深，两端色较浅（图 5-7）。

（3）发生规律 该菌平时生长在土壤中及土表有机物上。

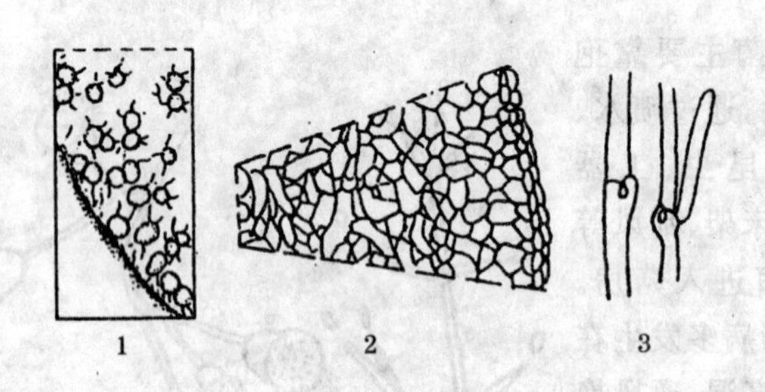

图 5-7　小 菌 核　(仿　潘崇环)

1. 在培养基表面上　2. 横断面的部分　3. 菌丝上的锁状联合

能侵染多种农作物、果树和林木等多种植物,造成多种病害,引起寄主的根茎部腐烂。主要靠培养料,如稻草带菌传播。病原菌菌丝生长与菌核形成的温度范围为 11℃～35℃,以 25℃～32℃为最适温度,pH 值 3.2～9.6 均可生长,以 pH 值 7 为最适,遇高温、高湿的环境,有利于病害发生。

(4)防治措施　一是清洁环境卫生,选用干燥、无霉变的稻草,使用前将稻草放在阳光下暴晒 1～2 天;二是发生该病害时,病部可用 1%的甲醛溶液或 1%的石灰水喷洒,以抑制该菌的蔓延;三是在发病严重的菌袋上,用 50 单位/升的井冈霉素喷雾。

(三)生理性病害

草菇的生理性病害是由于草菇菌丝体和子实体生长和发育过程中,遇到培养料含水量不适宜,空气相对湿度过高、过低,温度不适宜,通风换气不良,二氧化碳等有害气体大量累积,农药、生长调节物质使用不当等不良的环境和栽培措施,造成其生理过程发生障碍,发生菌丝体、子实体的各种异常,如菌丝徒长,不吃料,结块,菇蕾萎缩,脐状菇等。这类病害不会传染,一旦环境改善,病害症状不再继续,一般能恢复正常状态。在第四章第七节中已介绍了部分生理性病害，这里主要介绍这类病害的病因和主要症状及防治。

1. 病因和主要症状

(1)温度不适　草菇子实体的发育和分化的适宜温度是30℃～32℃，当温度超过时，便转化为菌丝生长，已经形成的菇蕾会停止生长，萎缩甚至死亡。而当温度低于25℃时，菇蕾会停止生长甚至死亡。

(2)湿度不适　湿度包括培养料的含水量和出菇场地的空气相对湿度两个方面。当培养料的含水量过高时，培养料就会通气不良，菌丝的呼吸强度减弱，甚至无法长满袋，造成养分吸收不足，菇蕾就无法正常生长。而如果培养料过干，长出的菇体就小，菇身容易伸长，容易开伞。

(3)通风不良　通风不良的直接后果是空气中的二氧化碳浓度过高，而二氧化碳浓度过高，就会使菇体外菌膜薄，易开伞。如果在菇蕾形成时，子实体中部会发生凹陷，似脐状，俗称脐菇，这是在生产中使用杀虫、杀菌剂浓度过高形成的。脐菇会随着通风等条件的改善，二氧化碳浓度的降低而逐渐消失。

(4)光照不适　光线太强或菇蕾形成初期光线不足或缺乏，也会引起生理病变。如太阳光直射会加大菇体水分的蒸发，严重时菇体失水过多而萎缩；缺乏光线不仅菌膜薄，菇体易开伞，菇体也弱小。

2. 防治措施　生理性病害都是由于草菇在生长发育过程中管理不善引起的，只要不良因素及时地得到控制，草菇即可恢复正常的生长。因此，这类病害的防治是加强管理。

(1)控制好温度　草菇出菇阶段所需要的温度条件比菌丝体生长阶段稍低。一般料温维持在30℃～35℃，室温

28℃～32℃为宜。

(2)调节好湿度　培养料含水量保持65%～70%,空气相对湿度保持90%左右为好。当温度过高或培养料偏干时,应及时喷水,但不宜向培养料或菌蕾喷重水,更不宜用与气温温差过大的水直接喷洒,以防止菌蕾积水烂菇,或因温差过大造成死菇。

(3)加强通风换气　室外栽培的可通过揭开草帘或薄膜进行通风换气。室内栽培的,通风换气要与喷水增湿结合进行,通风前,先向地面、空间喷雾,然后通风。通风的时间,视天气变化而定,气温低时,要在中午进行,气温高时要在早晚进行。

(4)提供光照　出菇期要提供一定散射光,光照强度一般以在菇房内能阅读报纸为宜。如果菇房光照不足,应装日光灯来补充光线。

(5)调节pH值　草菇播种后,培养料的pH值有由碱变酸的趋势,因此,应结合喷水,在每潮菇采收后用pH值为9的石灰水喷洒,使pH值能符合草菇生长的要求。

二、虫害及防治

草菇的虫害主要有菇蚊、菇蝇、螨类、线虫等。这些害虫一方面取食草菇的培养料、菌丝以及子实体,降低草菇的产量和品质。另一方面携带病菌,传播病害,造成病害的发生和流行,给生产带来更大的损失。因此,在草菇的栽培过程中也要重视虫害的预防和防治。

(一)菇蚊、菇蝇类的为害及防治

1. 为害情况　以幼虫取食草菇菌丝,导致菌丝死亡,蛀食草菇的子实体,严重时将菌柄蛀成空洞,菌盖的菌褶被吃光，而且排有粪便，被害菇完全失去商品价值。造成的为害：一是取食草菇菌丝，使菌筒菌丝消失；二是带入杂菌，使菌筒污染，造成栽培失败；三是取食草菇子实体，影响产品质量。

2. 形态特征

(1)菇蚊　属双翅目昆虫，有1对膜质的前翅和1对特化为平衡棒的后翅，3对足，分为5节，有爪1对，口器适于吸吮，复眼大，几乎占头的大部，单眼2～3个或无，触角多样，1年发生多代。常见的种类有草菇折翅菌蚊、眼菌蚊、瘿蚊、小菌蚊等(图5-8)。

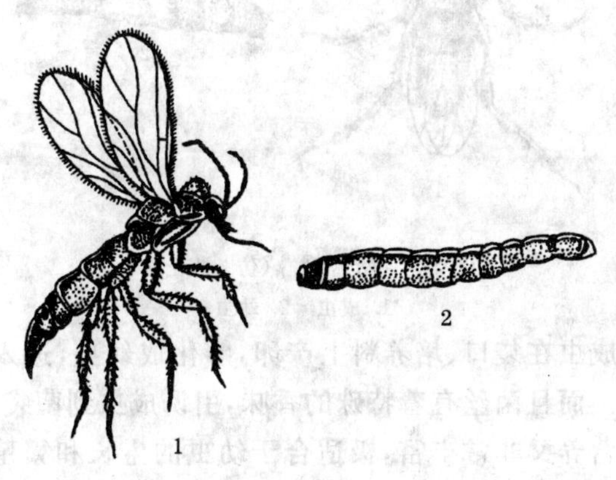

图5-8　菇　蚊　(仿　陈士瑜)

1. 成虫　2. 幼虫(菌蛆)

(2)菇蝇　属双翅目昆虫，有膜质前翅1对，后翅退化为平衡棒，足3对，爪1对，口器适于刮吸、舐吸。常见的种类有蚤蝇、粪蝇、果蝇(图5-9)等。

这类害虫的幼虫体多呈白色至淡黄色，体小，体长仅0.5～5.5毫米，体宽都在1毫米以下，要用肉眼仔细观察，才能见到。

3. *生活习性* 这类害虫广泛分布于自然界，常集居在不洁之处，如垃圾堆、臭水沟及发酸的食物如酒糟上，分布极广。这类害虫也常在杏鲍菇、香菇、茶树菇、平菇等食用菌上发生，特别是栽培食用菌的老产区，虫口基数大。

生活史：成虫（菇农俗称“蚊子”）→卵→幼虫→蛹→成虫。

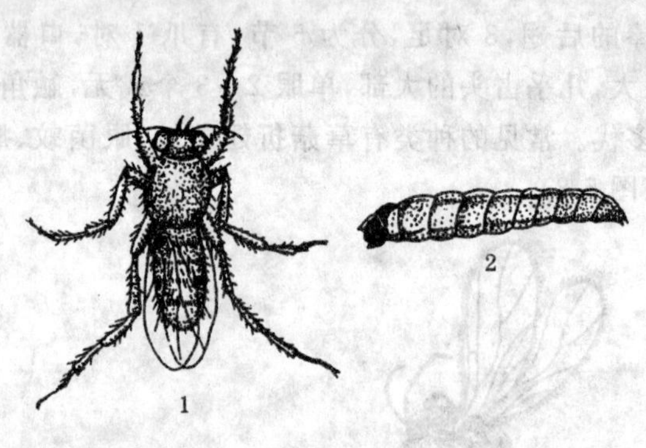

图 5-9 菇 蝇 （仿 陈士瑜）

1. 成虫 2. 幼虫

其成虫在袋口、培养料上产卵，孵化成幼虫，进入料中取食为害。而且菌丝有着特殊的香味，引诱成虫到菌袋上产卵，菌丝的营养又非常丰富，极适合于幼虫的生长和繁殖。尤其在草菇生长季节气温较高，有利于这类害虫的大量发生。

4. *防治方法* 由于草菇菌丝和子实体对农药极为敏感，而幼虫钻蛀到子实体、培养料内为害，药剂也很难接触到虫体，同时考虑消费者的健康，生产上尽量不用药物进行防治。因此，对此类害虫只能是采取措施进行预防。一是做好环境卫生，杜绝虫源。要清洁草菇的培养室、菇棚周围的环境，同时用 80%敌敌畏乳油 500～800 倍液、拟除虫菊酯类杀虫剂（如速灭杀丁等）喷雾，尤其是菇蚊、菇蝇等害虫的集居处如臭水沟、垃圾堆应作为喷洒的重点。防治时最好是全村统一时间处理,效果更佳。二是采完一批菇后要及时清理菌袋及地面上的残菇、死菇等防止成虫在这些地方产卵。三是在菇棚中用高压静电灭虫灯等诱虫灯进行诱杀。四是在培养场所和菇棚中采用点蚊香的办法对这类害虫的成虫进行驱除,减少培养和出菇场所的虫口基数,减少为害。

(二)螨类的为害及防治

螨类,俗称菌虱,属蛛形纲,蜱螨目。螨类种类繁多,分布广,习性杂,有植食性的,有腐食性的,有寄生性的,有捕食性的,而为害草菇的螨类,主要是取食菇类的,种类较多,主要是粉螨和蒲螨。

1. 为害情况　螨类不仅为害草菇,也能为害双孢蘑菇、香菇、平菇、凤尾菇、银耳、黑木耳等各种食用菌。在草菇生产的各个阶段均能造成为害,能把菌丝咬断,菌丝萎缩不长,发生严重时,培养料内的菌丝全被食光,造成颗粒无收。也能咬啮小菇蕾及成熟子实体,使小菇死亡,大菇体表面形成不规则的凹陷褐斑。螨类还会传播病菌,叮咬工作人员,引起人的皮肤过敏。

2. 形态特征　螨体小型或微小型,常为圆形或卵圆形,一般体宽只有0.1～0.2毫米,人的肉眼很难看见。螨的身体一般由4个体段构成,即:颚体部、前肢体段、后肢体段、末体段。颚体段即头部,生有口器,口器分为刺吸式和咀嚼式2种;前肢体段着生前面2对足;后肢体段着生后面2对足(螨类有4对足,而昆虫只有3对足);末体段即腹部,肛门和生殖器一般开口于腹部的腹面。不同的种,体色各不相同,如蒲螨,体色为咖啡色,多集中成团,由于体型很小,单个存在时,很难用肉眼发现,而当发现时已经是成堆存在了;粉螨,白色发亮，不成团，数量多时，成粉状(图 5-10)。

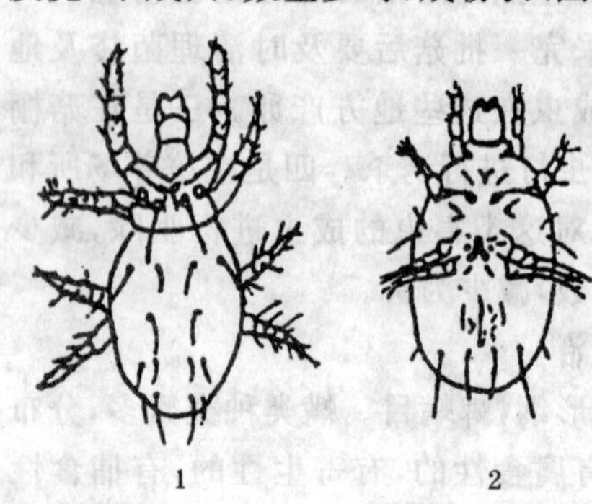

图 5-10 螨 (仿 李银良等)

1. 蒲螨背面 2. 粉螨腹面

3. 生活习性 大多数害螨喜温暖、潮湿环境，常潜伏在谷仓、饲料仓、禽畜舍、稻草、米糠、麸皮、棉籽壳中。在草菇的栽培过程中，通过培养场所、培养材料、昆虫、操作工具等进入菌袋中进行为害。一生经历卵、幼螨、若螨、成螨 4 个阶段。螨类的繁殖力极强，一年最少 2～3 代，多的 20～30 代。而粉螨和蒲螨繁殖都非常快，在 25℃下 15 天就可繁殖 1 代。

4. 防治方法

第一，把好菌种质量关，淘汰有螨害的菌种。

第二，搞好清洁卫生，培养室、菇棚、菇房要与粮食、饲料、肥料仓库保持一定距离。培养室、菇棚、菇房在使用前用 2.5%天王星 2 000 倍液以及其他杀螨剂进行喷洒。

第三，药剂防治。可用敌杀死加石灰粉混合后装在纱袋中，抖撒在菇棚四周及菇房的走道上，对害螨防效好。

(三)线虫的为害及防治

1. 为害情况 线虫不仅为害草菇，还为害蘑菇、平菇、凤尾菇、香菇、银耳、黑木耳、毛木耳、金针菇等食用菌。为害方式：有口针的线虫用口针穿刺到菌丝中，吸取组织汁液，使菌丝生长受阻，甚至萎缩消失。没有口针的线虫用头部快速而有力地搅拌，促使食物断成碎片，然后进行吸吮和吞咽。被线虫为害的草菇子实体变黄，以后转褐色，最后整个子实体腐烂，有一股难闻的腥臭味。线虫不仅本身侵害食用菌菌丝体、子实体，而且其钻食往往为食用菌病原菌（细菌、真菌、病毒）造成侵入条件，从而加重或诱发各种病害发生，产生交叉侵害，造成极大损失。

2. *形态特征*　体型极小，线状，长不到 1 毫米，宽 50～100 微米，像菌丝一样无色透明，比菌丝略宽，两端稍尖，由于体小，必须借助放大镜与显微镜进行观察。线虫虫体通常分头、颈、腹和尾 4 部分。头部有唇、口腔、有或无口针，口针在口腔中央，是穿刺寄主组织并吸取养分的器官。颈部是从口针的基部球到肠管前端的一段体躯，包括食管、神经环等，食管的形态结构是区别不同线虫的重要依据。食用菌几种线虫食管类型如图 5-11 中之 1 所示。腹部是指肠管和生殖器官所充满的体躯。尾部是从肛门以下到尾尖部分，其形态见图 5-11。

3. *生活习性*　线虫无处不有，在潮湿透气的环境里到处可见，土壤、稻草、甘蔗渣、棉籽壳都有线虫的虫体和虫卵。用不清洁的水喷雾；旧菇棚、旧床架缝隙中残存的休眠虫体和虫卵没有彻底消灭；栽培草菇的菇棚土壤中有大量线虫，这些都是线虫侵染的主要来源。线虫可通过人的手、工具、昆虫以及雨水、喷水漂流而传播。绝大部分线虫经过两性交配产卵，卵极小，一条成熟的雌虫，可产卵数十粒至数千粒。卵孵化为幼虫，幼虫经过 3～4 次蜕皮后变为成虫。在常温下发育较快，繁殖迅速。线虫活动时需一层水膜才能存在，培养料含水量偏高有利于线虫为害。

4. *防治方法*

第一，做好栽培场所的清洁卫生，菇房在使用前及时清除

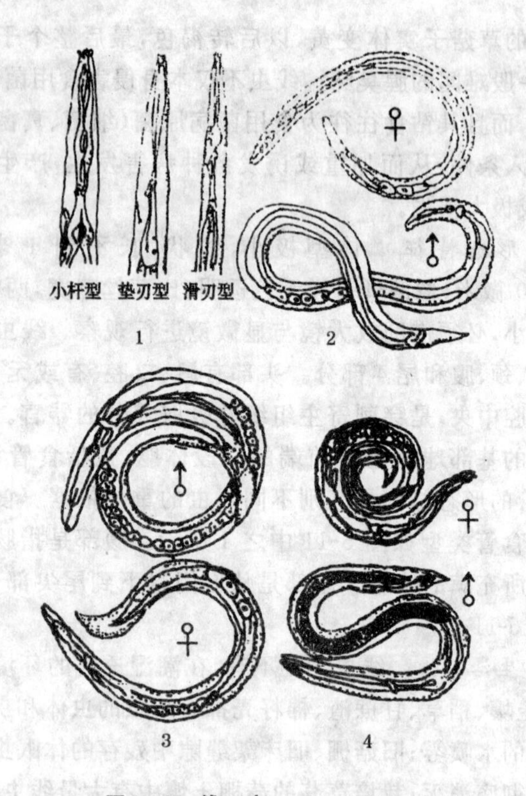

图 5-11 线 虫 （仿 郑其春）

1. 线虫食管类型 2. 噬菌丝茎线虫

3. 堆肥滑刃线虫 4. 木耳小杆线虫

残留在出菇场的烂菇及废料，并进行彻底的消毒。

第二，使用清洁的水。不干净的水含有大量线虫和其他病原菌。因此，不论拌料或管理用水，都要取干净的井水、河水或自来水。

三、病虫害综合防治措施

袋栽草菇的栽培培养料虽然经过了消毒灭菌，病虫害较其他栽培模式明显减少，但在草菇栽培过程中的高温、高湿环境，使病虫害极易发生和蔓延。同时草菇的生活周期极短，而化学药剂的残效期长，况且草菇菌丝对农药极为敏感，所以现在大多数的农药，应绝对禁止在草菇上使用，以免危害草菇的生长和影响消费者健康。因此，草菇病虫害的防治，要采取以防为主，综合防治的方针。根据具体情况，采用农业防治、生态防治、生物防治、物理防治等各种措施，在各个栽培管理的技术环节上，杜绝或减少病虫入侵的途径和机会，创造一个有利于草菇生长发育而不利于病菌、害虫繁殖的生态条件，将病虫危害降到最低限度，

（一）选用优良菌种

一是要求种性好，具有高产、优质、抗逆性强的特点。二是对菌株的生物学特性要清楚。制种者、栽培者必须了解所用菌株的菌丝和子实体生长的适温范围、栽培要点、菇体形态特征、加工性状等特性。三是菌丝生长势强，纯度高，无病虫感染。四是菌龄适宜。严格淘汰老化、退化的菌种。

（二）阻断病虫入侵途径

一是培养料新鲜无霉变，常压蒸汽灭菌要彻底；二是搞好培养和出菇场所及周围环境卫生。培养室、出菇场所在使用前要干净，并用甲醛或硫黄密闭熏蒸 24 小时。出菇场地可以在地面直接撒施石灰粉，或石灰粉与漂白粉混合的粉剂，进行消毒处理。三是有条件的菇棚，要安装纱门、纱窗以防止昆虫进入。四是老菇棚、菇房在使用前必须进行 1 次全面的清理和消毒工作，以杀灭潜藏于床架、地面、墙壁缝隙等处的病菌、

害虫和螨类，床架可用清水，或5%石灰水，或10%漂白粉水冲洗，也可用5波美度石硫合剂涂刷，菇房地面在使用前应铲去旧表土，填换新土，并撒一层石灰粉，菇房墙壁可分别喷0.2%敌敌畏乳油溶液和5%石灰水以除虫防病。

（三）创造适合草菇生长的环境

在适宜条件下，草菇生长发育正常，可大大减少病菌和发生的机会。特别要做好草菇生长的温、湿、酸碱度及通风的控制，创造一个有利于草菇生长的环境，促进草菇正常生长发育，从而减少病虫害的发生。

第六章　采收和加工

草菇的采收和加工是草菇生产上最后的一个环节。草菇的采收是草菇生产上提高产品质量最重要的环节之一，具有很强的时间性和技术性，而如何加工出符合市场需求的产品是草菇生产的最终目的，同样具有较高的技术水平。因此，袋栽草菇的生产要按标准采收，按市场的需求加工，才能获得最好的经济效益。

第一节　采　收

草菇的生长十分迅速，是迄今为止人工栽培菌类中生长最快、生产周期最短的食用菌。袋栽草菇从接种到菇蕾形成仅 8～12 天，从菇蕾形成至采收仅 5 天左右，速度极快，而且开伞速度快，一般达开采适期后 3 个小时就会开伞。因此，袋栽草菇必须适时采收。反之，采收过早，产量低；采收过迟，菇体开伞，组织变老，降低甚至失去商品价值，影响草菇质量，直接影响栽培的经济效益。

一、采收标准

采摘草菇不是看其大小，而是根据其发育程度。虽然鲜草菇可用于直接上市鲜销，也可加工成罐头、盐水菇和脱水干菇等，但其采收期均应掌握在蛋形中、下期采收。即外菌幕尚未破裂，包裹在其中的菌柄尚未伸长，触摸时中间没有空腔，坚实而富弹性，菇体饱满光滑，由硬实变松软，颜色由深变浅，菇体由基部较宽、顶部稍尖的塔形变为蛋形时采收(图 6-1)。若须较长距离运输应提前一些,即在蛋形期中期,菇体质地较硬,呈圆锥形时采收。这时采收的草菇肉厚,鲜嫩爽脆可口,蛋白质含量最高,食味也最鲜美,可贮存较长时间而不易开伞,商品价值也高,适合于鲜销和加工。

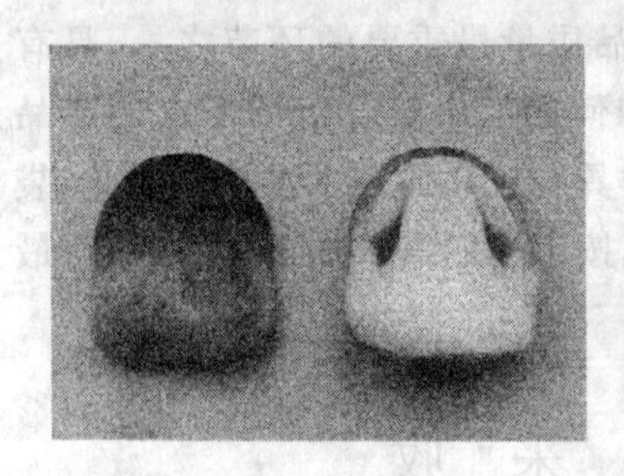

图 6-1 可采收的子实体

二、采收时间

草菇生长快,采收必须及时,每天至少应采收 2~3 次,用于加工成盐水菇、罐头菇、脱水干菇的,以 6~7 时采收为好,晚上以 5~7 时为宜,尽量避免中午高温时间采收。而用于直接鲜销的草菇要保证当日能进入市场,因此,早晨一次的采收以 3~5 时进行为宜。

三、采收方法

在菌袋上正在生长的草菇,一经触碰和摇动,很快即枯萎死亡。为减少不必要的损失,采收动作要轻,一手按住草菇生长部位的培养料,一手将宜采收的菇拧转摘下。不能像拔草一样的拔,以免牵动菌丝,弄乱料床,影响其他草菇的生长。遇到密集丛生的菇,应于大多数适合采收时一起摘下,以免因采个别菇伤及其他菇而造成多数菌蕾死亡。或用尖锐、锋利的小刀将该收获的菇切下来，留下幼菇继续生长。采后的菇应及时用不锈钢小刀削掉菇上所黏附的培养料及其他杂质，修削面应力求平整，而后放进垫有 3～4 层纱布的篮子或盆、桶中，切不可将有杂质的草菇放入容器中。采收后，要及时清理料面与残留老化的菌丝及菇根碎片，清扫菇房卫生。

四、草菇分级

草菇分级，依用途不同而标准不同。例如，鲜销的根据市场的不同一般要求菇体中等或菇体大的，以中粒菇种或大粒菇种为佳；罐头菇则要求菇型较小的小粒菇种，干制加工则要求菇体较大的大粒菇种；近年来新兴的什锦草菇罐头（以菌盖碎片为原料）和菇脚（菌托）罐头又有不同的要求。

（一）鲜销草菇的分级

鲜销草菇一般分为 5 级。

1. 一级　菇为灰白色、褐色或黑色的大实菇粒，横径 2～4 厘米（或 2 厘米以上），新鲜细嫩，菇体完整，无霉烂，无异味，无破裂，无机械损伤，无病虫，无死菇，无表面发黄、发黏、萎缩、变色现象，不开伞，不伸腰，无杂质。

2. 二级　中实菇粒，横径 1～2 厘米，允许有少量伸腰，菇体较松外，其他标准与一级菇相同。

3. 三级　中松菇粒，大中裂皮菇（包被已裂，但未裂开），除菇体较松及允许破皮外，其他标准与二级菇相同。

4. 四级　菌盖已部分露出包被外，但不超过 0.5 厘米。

5. 级外　横径 1 厘米以下的小粒实粒或开伞菇。

（二）制罐菇的分级

加工罐头的草菇，根据历来的习惯要求鼠灰色、褐色至黑褐色，鲜嫩，完整，无霉烂，无病虫，无异味，无破裂，无机械损伤。表面不发黄，不发黏，不皱缩。未伸腰，不带杂质、菇脚切面平整等。一般分为6级。

1. 一级　菇体横径2厘米。

2. 二级　菇体横径2.5～3厘米。

3. 三级　菇体横径3.1～3.5厘米。

4. 四级　菇体横径3.6～4厘米。

5. 五级　菇体横径4.1～4.5厘米。

6. 六级　菇体横径超过5厘米。

（三）盐渍菇的分级

盐渍菇主要用于出口和贮存，一般分为3级，标准如下。

1. 一级　大菇（菇体长5～6厘米，宽3～4厘米），内实，无霉烂，无异味，无病虫。

2. 二级　中菇（菇体长4.1～5厘米，宽2～3厘米），内实，或者大菇内松，其他同上。

3. 三级　小菇（菇体长3.1～4厘米，宽1.5～2厘米），内实，或者中菇内松，其他同上。

（四）鲜冻菇的分级

鲜冻菇主要用于冷藏，一般分为4级，标准如下。

1. 一级　大菌蕾，高6～8厘米，宽4.5～5厘米，内实。

2. 二级　中菌蕾，高5～6厘米，宽4～4.5厘米，内实，或一级菇内部变松者。

3. 三级　中菌蕾，高5～6厘米，宽4.5～5厘米，内松（包被未破，里面和包被脱离）。

4. 四级　大、中菌蕾刚裂皮及开伞菇。

（五）干草菇的分级

经过干制加工的草菇，一般分为3级，标准如下。

1. 一级　大菇菇片，足干，菇色明亮，内切面呈白色，气味芳香，菇身肥厚，长 4～4.5 厘米，厚 0.8～1 厘米，横切面 2.5～3 厘米，无脱褶，无杂质。

2. 二级　中菇菇片，足干，菇色明亮，内切面呈白色，气味芳香，菇身肥厚，长 3.5～4 厘米，厚 0.5～0.7 厘米，横切面 2～2.4 厘米，无脱褶，无杂质。

3. 三级　小菇菇片，足干，呈白色或淡黄色，气味芳香，菇身长 2.5～3 厘米，厚 0.5 厘米以下，横切面 1.5 厘米以下，无脱褶，无杂质。

第二节　加　工

由于草菇在高温条件下生长发育，采收后开伞极为迅速，在 30℃左右，采摘后如没有及时采取措施，3 个小时就会有 30％的菇体开伞，这大大地降低了草菇的食用价值和商品价值。而草菇又不能在低温下贮藏，当温度低于 15℃以下时就会发生菌丝自溶。因此，草菇的加工就显得非常重要，它是保持草菇风味、提高经济价值的重要措施。目前生产上加工方法主要有保鲜、盐渍、制罐、干制等 4 种方法。

一、保　鲜

同其他食用菌不同，草菇不能在 0℃～5℃的保鲜低温下贮藏，15℃以下草菇就会产生菌丝自溶现象，而在 20℃以上时开伞极快，这给草菇的保鲜增加了技术难度，这也是为什么目前生产上没有一种可进行大面积推广的具有操作简单、低成本、低投入、高效益的保鲜方法的原因。尽管难度较大，许多研究、生产单位都进行了多年的研究和探索，总结出了许多措施和办法。

(一)常温保鲜

把采下的菇体削去菇脚杂质,在通风阴凉的房舍内,把草菇平摊在地面的牛皮纸上,可保持4～6小时不开伞,不破损。

(二)相对低温保鲜

采下菇体削去菇脚杂质,用竹筐或塑料筐,在筐底垫一层青草,每筐装草菇15～20厘米厚,然后草菇面上再铺一层青草,压紧,加盖。放置在18℃～20℃空调环境下可保存20～28小时。

草菇保鲜有3点值得注意:一是采下的菇体不要沾水,否则开伞更快;二是冷藏温度不宜低于18℃,否则温度越低,草菇自溶越快;三是反季节栽培的草菇采后也要保存在18℃～20℃的环境中,否则会产生菇体自溶现象。

(三)速冻保鲜

采收后的鲜菇分等级,按批发销售的业务包装和日常消费的家庭用包装,装入塑料盒内或塑料箱。将包装鲜菇的塑料箱或塑料盒放入温度为－22℃～－20℃的冷藏库或冰箱中保藏。用速冻工艺,能保持鲜草菇原有形态、品质和风味。

二、盐　渍

盐渍是目前草菇加工最常用的方法。盐渍菇是近年来草菇出口和内销的主要加工产品,其不仅在市场上直销,还可制罐。草菇盐渍加工与其他食用菌的盐渍加工原理和方法基本一致,其工艺简单,所需设备也少,投资小。但草菇盐渍在高温季节极易腐败,故在加工的具体操作上略有不同。盐渍的草菇首先要求菇根要切削平整,不带任何培养料和杂质;剔除菇色发黄的死菇,否则加工时会影响质量。

(一)漂　洗

将草菇用清水漂洗，洗净菇身上的杂质，并在清水漂洗时及时拣尽杂质、残菇。

(二)预　煮

预煮必须在铝锅或不锈钢锅中进行。将清水或10%的盐水烧开，按菇水 4∶10 的比例倒入，煮沸 10 分钟左右，以菇心无白色为度。

(三)冷　却

煮好后应立即捞出，倒入流动冷水中冷却，要求冷透，菇体内外与外界温度一致，冷却越快越好，如果没有冷却就盐渍，产品就容易腐败变质。

(四)盐　渍

将冷却好的草菇沥去水分，然后进行盐渍加工。盐渍方法有两种，一种是生盐盐渍，一种是熟盐盐渍。生盐盐渍操作方法简单，管理方便，但加工不当，易使菇色变黄，影响加工质量。将沥去水分的草菇按每 100 千克加 60～70 千克食盐的比例逐层盐渍，先在缸底放一层盐，加一层菇，再逐层加盐、加菇；也可以将盐和菇拌和，直接装缸，满缸后覆一层盐封顶，上面再加盖加压，直至腌制完毕。在装桶时再用 22 波美度的熟食盐水浸制。熟盐水盐渍方法比较科学，盐渍好的草菇色泽鲜亮，菇形饱满，加工质量好，只是稍复杂些，管理上难一些。先制备好饱和食盐水，且需烧开。冷却后倒入草菇中，要求盐水浸没草菇，满缸后，上面覆盖一层纱布，再在纱布上加一层盐。这种方法盐渍的草菇，质量好，杂质少。熟盐盐渍要求能做到勤翻缸，勤加熟盐水。第一次翻缸在 6 小时后，当盐水波美度下降到 10 以下要及时翻缸，并加入 22 波美度的熟盐水，再在其上覆纱布和一层盐；第二次翻缸可以适当延长些，一般在8～10小时后，每次都要加入22波美度的盐水中腌制，一般经4～5次翻缸后，逐渐稳定至21～22波美度，大概需要1周，盐渍方告完成。第一次翻缸的盐水应弃之不用，第二次以后的盐水可以再利用。加工过程中必须注意勤观察，防止缸内起沫发泡，影响盐渍质量，一旦发现，应及时翻缸。

(五)装　桶

稳定在21～22波美度的草菇，可以进行装桶。装桶应该注意：必须用卤水浸没草菇，否则贮藏时易产生异味变质；也不能在桶内多加草菇造成挤压，以影响质量。

总之，草菇盐渍加工，方法较为简便，在操作过程中只要掌握快预煮、冷却透、卤汤咸、勤翻缸、勤换卤、防发泡、防异味、保色泽、稳定长，就一定能盐渍出高质量的草菇。

三、制　罐

草菇罐头具有食用方便、携带容易、保存时间长(一般为2年)等优点，很受国内外市场欢迎。

草菇罐头的制作工艺，与盐渍草菇相似。

工艺程序

原料验收→处理→预煮→冷却→分选→装罐、密封→灭菌、冷却→检验包装成品

(一)原料选择

草菇选用新鲜、无霉变、无虫害、无病变等。

(二)原料处理

剔除伸腰、开伞、破头及色泽不正常等不合格菇，用小刀将菇的根部草屑等杂质削除干净，修削面保持整齐光滑。

(三)预　煮

草菇洗干净后，按菇体大小分别进行。大中型工厂、企业

可用连续预煮机或不锈钢夹层锅进行预煮。将2%浓度的盐水在锅内烧开，接着投入草菇，水与菇的质量比为3∶2，水温保持在85℃～90℃，处理6～10分钟。或将草菇先放进80℃～85℃水中约煮5分钟，再转入沸水中煮6～10分钟；第二次预煮水可回收作为罐头的填充液。此法处理草菇香味损失较少，品质亦佳。

（四）冷　却

预煮后的草菇要立即放入冷水中冷却，并用流动水漂洗。以冷透为准。冷却时间越短越好，冷却时间过长，营养物质流失多，风味也会变差。

（五）分　选

冷却后的草菇按制罐标准采用滚筒式或机械振荡式分级机初步分级，然后再进行人工挑选分级。

（六）配　汤

盐水浓度为2.5%，注入罐内时温度不低于90℃

（七）装罐、封罐

预煮好并经冷却的子实体，进行挑选，除去破膜和碎片后，按分级标准和装罐量的要求装罐。装罐后加注汤汁，它一方面可增加风味，尤其是添加煮液的，所制的草菇罐头，更具草菇的风味，另一方面则是填充固形物之间的间隙，有利于杀菌。加注汤汁量，如果没有真空封罐机的话，应加至满罐，这样残留在罐中的空气可排除，另一方面，由于菇体组织中还残留有少量空气，经杀菌后这些空气被驱赶出来，罐中仍留有一定的空隙，不致有液汁溅出。如用真空封罐机则在顶部留出8～10毫米的空隙。封口后要逐罐检查封口质量，尽快进行杀菌，一般要求不超过30分钟。

(八)灭菌、冷却

灭菌可以在高压蒸汽灭菌锅中进行，在0.1兆帕压力下，维持20～30分钟，灭菌的时间和温度依罐型而定。起罐后，置空气中冷却到60℃，再放到冷水中冷却到40℃。也可采用反压冷却，能缩短冷却时间，有利于保持草菇的色、香、味。瓶型的冷却，水温要逐渐降低，以免破裂；罐型冷却后，及时擦干，以免铁罐锈蚀。

(九)检验包装成品

制好的成品罐头，经抽样检验，剔除含杂质等不合格罐头，把检验合格的罐头打印标记，即可装箱包装，正式入库。

四、干　制

草菇干品香味浓郁，味道鲜美，便于保存、运输，食用方便，在国内外市场极受青睐，市场销路极好。草菇干制加工，是将鲜草菇经过自然或人工干燥，使其成为含水量只有13%左右的干品。常用的干制方法有晒干、焙干和脱水烘干等。

(一)晒　干

将采收回来的鲜草菇，用锋利的小刀削净基部杂质，纵切成包被处相连的两半，切口朝上，排列在席子、竹帘或筛子上，置阳光下暴晒。中间要勤翻，小心操作，避免损坏。这种方法虽简便，但费时间，且晒干的菇含水量比烘干的略高，不耐久藏。如遇上阴雨天就无法进行。同时由于温度难以掌握，菇体的颜色较差。这种方法只适合家庭庭院小规模生产。

(二)焙　干

将采收回来的鲜草菇，用锋利的小刀削净基部杂质，纵切成包被处相连的两半，切口朝上，排列在竹或铁丝制成的烘盘上，再将烘盘放在焙笼上烘烤。焙笼用竹篾编织而成，上放烘盘，下面有锅或火炉装炭火。入焙时，最好炭火上加一层灰烬，使炭火无烟、无火舌。为节省燃料，晴天在烘烤前，把切好的草菇先在太阳下晒几个小时，而后再进行烘焙，也可把焙笼放在太阳下，边焙边晒。烘焙时开始温度要控制在40℃为宜，不能超过45℃，2小时后，升到50℃，七八成干后，温度再升到60℃，直至菇体脆硬时，即可出焙。用这种方法加工的草菇，具有规模小、成本低、方法简单，易于操作，加工出的草菇香味特浓等优点，适合于小规模生产的菇农，但这种方法烘干时的温度难以掌握，温度不是过高就是过低，造成烘出的干菇菇体颜色变黄、变黑，影响产品的商品价值。

（三）脱水烘干

是将鲜菇或切片鲜菇放在食用菌脱水烘干机（图6-2）

1　　2

图6-2　草菇的脱水烘干

1. 进行烘干的草菇　2. 脱水机

中，用电、煤、柴、远红外线等加热干燥。这种方法脱水速度快，效率高，干制质量好，能散发出浓郁的菇香味，耐久藏，适用于规模化、工厂化生产。草菇的烘干机与其他食用菌的烘干机通用，烘房设备简单，容易修建。这种方法农村食用菌专业户、菇农可以广为采用。

烘干的草菇必须当天采摘，当天烘干。否则，容易开伞或使色泽发生变化，影响质量，降低商品价值。因此要现采现烘，采后即烘。草菇脱水烘干的操作技术主要工艺如下。

1. *鲜菇分级装筛* 采收的草菇子实体，及时去掉杂质和泥沙，按原料菇的标准分成若干等级。将草菇从基部纵切成包被相连的两半。将切面朝下放在烘筛上烘烤。若天气晴朗，阳光充足，也可将切面朝上，置于太阳光下暴晒 4～6 小时，再进行脱水烘干，既省燃料，质量也好。

2. *温度及时间的调控* 温度及时间的调控是草菇烘干的重要技术环节。

第一，调控好适宜的起始温度。在干燥初期不能高温，如果温度过高会使菇体发黑。但也不能低于 30℃，因为起温过低，菇体内细胞继续活动，致使菇体随之伸展。草菇起烘的温度应以 40℃为宜。通常鲜菇进房前，先开动脱水机，使热源输入烘干室内，使鲜菇一进房，就处在 40℃温度下，并持续 1 小时以上。

第二，采用慢速升温的干制工艺。起始温度持续 1 小时以上之后，干制的温度不能提得过高、过快。温度过高，菇体中酶的活性迅速被破坏，影响香味物质的形成；温度上升过快，会严重影响干品的品质。所以，草菇的干制，应采用较低温度和慢速升温的烘干工艺。一般以每小时升温 1℃～3℃为宜。干制初期，温度控制在 40℃左右，烘干时间一般晴天保持 5～6 小时。干制中期，温度控制在 50℃～60℃，保持 6～8 小时。

第三，调控适宜的最终温度。干制的最终温度也不能过高，过高则草菇的主要成分蛋白质将遭到破坏，同时，在过高的温度下，会使菇体呈焦黑色。但最终温度也不能过低，如低于 60℃，则干品在贮藏期间，容易发生谷蛾、蕈蚊等害虫的为害。因此，干制的最终温度，一般以不低于60℃为原则，而以62℃左右为宜。最后烘干时间1～2小时。当干菇含水量在13%时，以手指刻划菇体，稍能留下指甲痕，表示达到干制水分要求，即可从烘干箱内取出。

3. 湿度及进排气的调控　在干制初期，菇体含水量大，加热气化散出的水分也多，烘干室内的空气相对湿度增高，同时为防止温度过高，须加大进排气量，把吸湿后的热空气及时全部排出烘干机外。在干制中期，烘箱内温度已升高至55℃左右，菇体表面也随干制过程逐渐升高。这时如果仍输送大量相对湿度低的空气，就会使菇体表面干燥速度大于内部水分向外扩散的速度，引起菇体表面皱缩、变形和革质化，影响内部水分继续往外扩散，延长干燥时间。所以在干制中期，应采用部分循环回风，把进排气门适当关小(关1/3～1/2)。在干制后期，菇体外部已接近干制所要求的水分指标，而内部还含有一定水分较难扩散，干燥速度缓慢。因此，此时除控制最终温度外，应采用全循环回风作业，即进、排气门全关闭，循环回风门全开。另外，烘烤过程中要勤翻动检查，随着菇的干缩进行并盘和上下调换位置。并随干随收，这样的干制品色泽好，香味浓，质量好。

(四)干制品的质量标准

含水量掌握在12%～13%，菇脚无稻草等杂质，切面色白、味香。干度不足，容易发生霉变及虫害；烘干过度，又易烤焦或破碎、影响质量；菇脚如有杂质，烘干后很难处理，食用中清洗时杂质极易进入草菇的菌褶中，造成无法清除而失去食用价值，这些都要加以防止。

干制后草菇必须及时装入双层塑料袋内，并封好袋口，或装入密闭防潮的容器中，再放在阴凉干燥处保存。

主要参考文献

1　张树庭等.食用蕈菌及其栽培.石家庄:河北大学出版社,1992

2　郑国杨等.中国草菇生产.北京:中国农业出版社,2000

3　韩继刚等.草菇生产全书.北京:中国农业出版社,2005

4　杨国良等.草菇无公害生产技术.北京:中国农业出版社,2003

5　蔡令仪.草菇高产栽培技术.北京:金盾出版社,2005

6　何焕清等.草菇高效栽培技术.广州:广东科技出版社,2000

7　李银良等.草菇秸秆熟料高产栽培技术.郑州:河南科学技术出版社,2006

8　陈士瑜.食用菌生产大全.北京:中国农业出版社,1988

9　丁湖广.香菇速生高产栽培新技术.北京:金盾出版社,1994

10　黄毅.食用菌生产理论与实践.厦门:厦门大学出版社,1987

11　中国食用菌编辑部.中国食用菌.北京:1990～2006

12　食用菌编辑部.食用菌.北京:1990～2006